essentials

essentials liefern aktuelles Wissen in konzentrierter Form. Die Essenz dessen, worauf es als „State-of-the-Art" in der gegenwärtigen Fachdiskussion oder in der Praxis ankommt. *essentials* informieren schnell, unkompliziert und verständlich

- als Einführung in ein aktuelles Thema aus Ihrem Fachgebiet
- als Einstieg in ein für Sie noch unbekanntes Themenfeld
- als Einblick, um zum Thema mitreden zu können

Die Bücher in elektronischer und gedruckter Form bringen das Expertenwissen von Springer-Fachautoren kompakt zur Darstellung. Sie sind besonders für die Nutzung als eBook auf Tablet-PCs, eBook-Readern und Smartphones geeignet. *essentials:* Wissensbausteine aus den Wirtschafts-, Sozial- und Geisteswissenschaften, aus Technik und Naturwissenschaften sowie aus Medizin, Psychologie und Gesundheitsberufen. Von renommierten Autoren aller Springer-Verlagsmarken.

Weitere Bände in der Reihe http://www.springer.com/series/13088

Jörn Pachl

Besonderheiten ausländischer Eisenbahnbetriebsverfahren

Grundbegriffe – Stellwerksfunktionen – Signalsysteme

2., überarbeitete Auflage

Jörn Pachl
Institut für Eisenbahnwesen und
Verkehrssicherung, Technische
Universität Braunschweig
Braunschweig, Deutschland

ISSN 2197-6708 ISSN 2197-6716 (electronic)
essentials
ISBN 978-3-658-23852-0 ISBN 978-3-658-23853-7 (eBook)
https://doi.org/10.1007/978-3-658-23853-7

Die Deutsche Nationalbibliothek verzeichnet diese Publikation in der Deutschen Nationalbibliografie; detaillierte bibliografische Daten sind im Internet über http://dnb.d-nb.de abrufbar.

Springer Vieweg

Springer Vieweg ist ein Imprint der eingetragenen Gesellschaft Springer Fachmedien Wiesbaden GmbH und ist ein Teil von Springer Nature
Die Anschrift der Gesellschaft ist: Abraham-Lincoln-Str. 46, 65189 Wiesbaden, Germany

Was Sie in diesem *essential* finden können

- Begründung der historisch gewachsenen Unterschiede im Bahnbetrieb
- Charakteristische Beispiele für abweichende Definitionen grundlegender Begriffe
- Erläuterung von im Ausland verbreiteten Lösungen zur Fahrweg- und Zugfolgesicherung, die sich von den deutschen Grundsätzen stärker unterscheiden
- Überblick über die Vielfalt der international üblichen Verfahren zur Signalisierung von Zug- und Rangierfahrten

Vorwort

Es gibt wohl kaum ein Fachgebiet der modernen Technik, das sich durch eine dermaßen national geprägte Ausrichtung auszeichnet wie die Steuerung und Sicherung des Eisenbahnbetriebs. Obwohl die technischen Grundzüge des Funktionierens einer Eisenbahn überall gleich sind, differieren die Betriebsverfahren in erheblichem Maß. Die Unterschiede liegen nicht im Detail, sondern betreffen selbst grundlegende Definitionen im System Bahn. Auch die Lehre im Eisenbahnwesen bleibt hinsichtlich betrieblicher Aspekte des Eisenbahnwesens weitgehend in der nationalen Sichtweise gefangen.

Dieses *essential* wendet sich an Fachleute des deutschen Bahnbetriebes, die sich aus beruflichen Gründen oder persönlichem Interesse über charakteristische Unterschiede ausländischer Betriebsverfahren gegenüber den in bei deutschen Bahnen üblichen Grundsätzen informieren möchten. Da im Rahmen des kompakten Formats eines *essentials* keine Detailbeschreibungen zu einzelnen Ländern gegeben werden können, konzentriert sich Darstellung auf Bereiche mit besonders relevanten Unterschieden zum deutschen Bahnbetrieb, die an typischen Beispielen demonstriert werden. Vor dem vertieften Studium der Regelwerke und Verfahren ausländischer Bahnen ist die Kenntnis dieser Punkte ein wertvoller fachlicher Einstieg, um Missverständnisse zu vermeiden.

Dieses Werk basiert auf Vorlesungen zum internationalen Bahnbetrieb an den Technischen Universitäten Braunschweig und Dresden. In die Gestaltung flossen darüberhinaus Erfahrungen aus Vortrags- und Lehrtätigkeiten im Bahnbetrieb auf vier Kontinenten ein.

Jörn Pachl

Inhaltsverzeichnis

1 Einführung 1
1.1 Die drei Betriebsweisen und ihre räumliche Verbreitung 1
1.2 Historischer Hintergrund 3

2 Unterschiedliche Definitionen im Bahnbetrieb 7
2.1 Abgrenzung der Stations- und Streckenbereiche 7
2.1.1 Besonderheiten der nordamerikanischen Bahnen 8
2.1.2 Besonderheiten der britischen Bahnen 10
2.2 Organisation der Fahrdienstleitung 12
2.2.1 Besonderheiten der nordamerikanischen Bahnen 13
2.2.2 Besonderheiten der britischen Bahnen 14
2.3 Einteilung der Fahrten mit Eisenbahnfahrzeugen 14

3 Verfahren zur Regelung und Sicherung der Zugfolge 17
3.1 Klassifizierung von Betriebsverfahren 17
3.2 Besonderheiten des nordamerikanischen Bahnbetriebes 18
3.2.1 Timetable & Train Order 19
3.2.2 Moderne Verfahren für nicht signalgeführten Betrieb 20
3.2.3 Signalisierte Betriebsverfahren 21
3.3 Besonderheiten des britischen Bahnbetriebes 23

4 Verfahren zur Fahrwegsicherung 27
4.1 Das Verschlussprinzip der Kaskadenstellwerke 27
4.2 Fahrstraßenfestlegung und Rücknahme von Fahrstraßen 30
4.3 Durchrutschwegsicherung 34
4.4 Flankenschutz 36

5 Signalsysteme . . . 39
5.1 Die Rolle der ortsfesten Signalisierung . . . 39
5.2 Klassifizierung von Signalsystemen . . . 41
5.2.1 Fahrwegsignalisierung . . . 42
5.2.2 Geschwindigkeitssignalisierung . . . 44
5.3 Signalisierung von Rangierfahrten . . . 49

Symbole in grafischen Darstellungen . . . 53

Literatur . . . 55

1 Einführung

In den letzten drei Jahrzehnten des 19. Jahrhunderts, den sog. „Gründerjahren der Eisenbahnsignaltechnik", begann die Entwicklung der Betriebsverfahren zwischen den führenden Eisenbahnnationen auseinanderzudriften. Dabei besteht ein Zusammenhang mit einzelnen Erfindungen der Sicherungstechnik, die die Entwicklung in bestimmten Ländern beeinflussten. So entstanden mit der britisch, der amerikanisch und der deutsch geprägten Betriebsweise drei grundlegende Systeme, die die Entwicklung bis heute weltweit prägen.

1.1 Die drei Betriebsweisen und ihre räumliche Verbreitung

Bei allen Unterschieden der Betriebsverfahren lassen sich die Bahnen im weltweiten Maßstab drei grundlegenden Betriebsweisen zuordnen und zwar:

- der britisch geprägten Betriebsweise
- der deutsch geprägten Betriebsweise
- der nordamerikanisch geprägten Betriebsweise.

Einige Länder können einer dieser drei Betriebsweisen in „Reinkultur" zugeordnet werden, während in vielen Ländern auch Mischformen zu finden sind.

Die britisch geprägte Betriebsweise ist charakteristisch für die meisten Bahnen des Commonwealth mit Ausnahme Kanadas. Die deutsch geprägte Betriebsweise ist neben dem deutschsprachigen Raum bei den Bahnen Osteuropas, des Balkans und teilweise Skandinaviens sowie in Luxemburg zu finden. Die nordamerikanisch geprägte Betriebsweise wird in den USA, Kanada sowie in Mexiko

J. Pachl, *Besonderheiten ausländischer Eisenbahnbetriebsverfahren*, essentials,
https://doi.org/10.1007/978-3-658-23853-7_1

angewendet, übrigens mit bemerkenswert geringen Unterschieden im Detail, so dass sich die Länder Nordamerikas durch einen hochgradig vereinheitlichten Bahnbe-trieb auszeichnen.

Typische Mischformen sind:

- die Bahnen der westeuropäischen Länder mit Ausnahme Luxemburgs, deren Betriebsweisen sowohl britische als auch deutsche Elemente enthalten (mit unterschiedlichen nationalen Präferenzen). Einen gewissen Sonderfall bildet Frankreich, wo ein eigenes System entwickelt wurde, das sich stärker von den drei oben genannten Betriebsweisen unterscheidet, jedoch den Bahnbetrieb außerhalb Frankreichs, abgesehen von einigen Bahnen in Nordafrika, nicht geprägt hat.
- die Bahnen Russlands und der an Russland angrenzenden Bahnen mit der Spurweite 1520 mm, die in ihrer Entwicklung Elemente des deutschen und des nordamerikanischen Bahnbetriebes kombiniert haben.
- die Bahnen Australiens und Neuseelands, die ursprünglich britisch geprägt waren, ihre Betriebsweise aber seit Jahren zunehmend mit Elementen des nordamerikanischen Bahnbetriebes anreichern.
- die chinesische Eisenbahn, die ursprünglich britisch geprägt war, aber nach der Revolution viele Grundsätze der damaligen sowjetischen Bahnen adaptierte. Da die sowjetischen Bahnen Elemente des deutschen und amerikanischen Bahnbetriebes aufnahmen, zeigt die chinesische Eisenbahn heute Einflüsse aller drei Betriebsweisen.
- Weitere Mischformen in buntester Schattierung finden sich in vielen Entwicklungsländern, oft historisch beeinflusst durch mitunter mehrfach wechselnde Kolonialmächte.

Die wesentlichen Gemeinsamkeiten und Unterschiede der drei grundlegenden Betriebsweisen liegen auf den nachfolgend umrissenen Gebieten, die in den weiteren Abschnitten näher beleuchtet werden.

Auf dem Gebiet der Betriebsverfahren unterscheiden sich die nordamerikanischen Bahnen von den europäischen Bahnen in solch erheblicher Weise, dass die ebenfalls bestehenden, aber weit geringeren Unterschiede zwischen deutsch und britisch geprägten Bahnen dahinter völlig zurückstehen. Auf dem Gebiet der Stellwerkstechnik schlugen hingegen die deutschen Bahnen eine eigenständige Entwicklung ein, die sich sehr wesentlich von den Bahnen des angelsächsischen Raumes unterscheidet. In Relation dazu sind die Unterschiede zwischen nordamerikanisch und britisch geprägten Bahnen auf diesem Gebiet vergleichsweise gering. Man kann also zwei grobe Trennlinien ziehen, nämlich einerseits eine Trennlinie zwischen Nordamerika und Europa, und andererseits eine Trennlinie zwischen dem deutschsprachigen und dem englischsprachigen Raum. Besonders interessant ist unter diesem Blickwinkel ein Vergleich der deutschen und der nordamerikanischen Betriebsgrundsätze, da dazwischen beide Trennlinien liegen und somit sehr anschaulich demonstriert werden kann, wie sehr die Grundsätze des Eisenbahnbetriebes differieren können.

1.2 Historischer Hintergrund

Mit dem Bau der ersten Eisenbahnen begann zunächst eine Periode des Experimentierens, während der man über die Eigenschaften des gerade erfundenen neuen Verkehrssystems noch weitgehend im Unklaren war und die Möglichkeiten und Grenzen des Schienenverkehrs erst ausloten musste. Diese „Experimentierphase" endete zum Anfang der 1870er-Jahre. Es folgte eine Periode, die man als „Gründerjahre der Signaltechnik" bezeichnen kann und die etwa bis kurz nach der Wende zum 20. Jahrhundert währte. In dieser Periode setzten sich mit Ausnahme der Zugbeeinflussung alle heute bekannten und noch immer gültigen Grundsätze der Sicherung des konventionellen Eisenbahnbetriebes durch.

In diese Jahre fielen zwei der entscheidenden Erfindungen der Eisenbahnsicherungstechnik, die ein Auseinanderdriften der sicherungstechnischen Grundsätze zur Folge hatten. Bei diesen nahezu zeitgleich erfolgten Erfindungen handelt es sich um das Blockfeld (Carl Frischen 1871, Deutschland) und den Gleisstromkreis (William Robinson 1872, USA). Die deutsche Entwicklung wurde seitdem ganz entscheidend durch die Erfindung des Blockfeldes geprägt, das im englischsprachigen Raum unbekannt blieb. Die auf Blockfeldern aufbauenden Sicherungslogiken zur Fahrweg- und Zugfolgesicherung, die immer darauf basieren, dass an einer Stelle Verschlüsse eintreten, die nur von einer anderen Stelle oder durch Mitwirkung des Zuges wieder aufgehoben werden können, prägen die deutsche Sicherungstechnik bis heute. Bei Bahnen, die keine Blockfelder verwendeten (gesamter englischsprachiger Raum), setzte sich eine vergleichbare Denkweise nie durch.

Das auf dieser Basis dem deutschen Streckenblock zugrunde liegende Prinzip, nach Einfahrt eines Zuges in eine Blockstrecke für das Signal am Anfang der Blockstrecke einen Verschluss in der Haltstellung zu erzeugen, der nur nach dem Passieren des nächsten Signals wieder aufgehoben werden kann, ist systembedingt nicht auf Gleisen anwendbar, in denen Züge beginnen und enden. Damit konnte der Streckenblock, von Ausnahmen abgesehen, nicht durch die Bahnhöfe geführt werden, woraus eine deutliche Abgrenzung zwischen Bahnhof und freier Strecke sowohl in technischer als auch betrieblicher Hinsicht resultierte, die in dieser Form bei Bahnen, die nicht den deutschen Grundsätzen folgen, nicht existiert.

Am deutlichsten wird dies bei den nordamerikanischen Bahnen, deren sicherungstechnische Entwicklung entscheidend durch die Erfindung des Gleisstromkreises geprägt wurde. So setzte dort bereits im 19. Jahrhundert die Entwicklung und der forcierte Einbau selbsttätiger Streckenblockanlagen ein, die Entwicklungsstufe des nichtselbsttätigen Streckenblocks wurde komplett übersprungen. Aber Gleisstromkreise kamen bei den nordamerikanischen Bahnen nicht nur beim selbsttätigen Streckenblock zum Einsatz, auch in der Stellwerkstechnik setzten sie sich schnell durch. So gehörte dort bereits in der ersten Hälfte des 20. Jahrhunderts die „Fahrwegprüfung durch Hinsehen" weitgehend der Vergangenheit an. Selbst auf mechanischen Stellwerken war durchgehende Gleisfreimeldung mit Gleisstromkreisen Standard. Die Gleisstromkreise dienten dabei nicht nur der Gleisfreimeldung, sondern waren auch eng mit der Fahrstraßensicherung verknüpft. So wurde z. B. die Fahrstraßenfestlegung durch elektrische Hebelsperren bewirkt, die bei Annäherung des Zuges alle zur Fahrstraße gehörenden Weichen ohne Erfordernis von Blockanlagen selbsttätig verschlossen. Die deutsche Stellwerksentwicklung dieser Zeit klammerte hingegen das Problem der selbsttätigen Gleisfreimeldung vollkommen aus und konzentrierte sich stattdessen auf die Entwicklung und Perfektionierung von Bahnhofsblockanlagen zur Herstellung von Abhängigkeiten zwischen benachbarten Stellwerken, was wiederum zu einer anderen Organisation der Fahrdienstleitung im Bahnhof führte. Die „Fahrwegprüfung durch Hinsehen" blieb in alten Sicherungsanlagen bis heute bestehen.

Bei europäischen Bahnen setze sich ab den 1870er-Jahren zur Sicherung der Zugfolge das Fahren im Raumabstand durch. Das bis dahin angewandte Fahren im Zeitabstand verschwand bei den meisten Bahnen noch vor dem Ende des 19. Jahrhunderts vollständig. Ermöglicht wurde diese Entwicklung durch die Erfindung der elektrischen Telegrafie, durch die sich die örtlichen Mitarbeiter auf den Betriebsstellen untereinander über die Zugfolge verständigen konnten. Bei den nordamerikanischen Bahnen wurde die elektrische Telegrafie zwar zur gleichen Zeit eingeführt, das Fahren im festen Raumabstand war aber wegen der Weite des Landes und der dünnen Besiedlungsdichte zunächst nicht anwendbar. Stattdessen wurde ein als Timetable & Train Order bezeichnetes Betriebsverfahren entwickelt, dessen Abstandshaltung auf dem Fahren im Zeitabstand basierte und das als ein ausgesprochenes Charakteristikum des nordamerikanischen Eisenbahnbetriebes anzusehen ist. Dieses Verfahren blieb ohne wesentliche Modifikationen bis in die 1980er-Jahre als Standardverfahren auf nichtsignalisierten Strecken, die in den USA einen erheblichen Teil des Streckennetzes umfassen, erhalten. Fahren im Raumabstand mit örtlich bedienten Signalen gab es nur auf relativ wenigen Strecken in Gegenden mit höherer Siedlungsdichte (Ostküste), in großem Stil setzte sich das Fahren im Raumabstand erst mit der Einführung des selbsttätigen Streckenblocks durch.

Weiterhin setzte um 1870 auch auf dem Gebiet der Fahrstraßenlogik eine eigenständige deutsche Entwicklung ein, die sich grundlegend von der in Westeuropa und Übersee dominierenden britisch geprägten Stellwerkstechnik unterschied. Und zwar handelte es sich dabei um die Einführung von Verschlusssystemen mit einem durch Fahrstraßenschubstangen bewirkten, fahrstraßenweisen Verschluss der Fahrwegelemente. Diese Verschlusslogik, bei der alle Weichen in Grundstellung unverschlossen sind und nur bei Einstellung einer Fahrstraße gleichzeitig durch Umlegen des Fahrstraßenhebels verschlossen werden, unterschied sich vollkommen von den britischen Kaskadenstellwerken, bei denen sich der Verschluss einer Fahrstraße durch Verkettung von Folgeabhängigkeiten zwischen den Weichenhebeln kaskadenweise bis zum deckenden Signal aufbaute. Vollkommen unverschlossene Fahrwege gab es in Kaskadenstellwerken fast nie, auch nicht beim Rangieren. Die deutsche Entwicklung führte damit nicht nur zu einer anderen technischen Lösung der Fahrstraßensicherung, sondern in der Folge auch zu einer stärkeren betrieblichen Abgrenzung zwischen Zug- und Rangierfahrten.

Unterschiedliche Definitionen im Bahnbetrieb

2

Die grundlegenden Definitionen im Bahnbetrieb betreffen drei Bereiche: die Einteilung der Betriebsstellen, die Einteilung der Fahrten mit Eisenbahnfahrzeugen und die Verantwortlichkeiten der fahrdienstleitenden Mitarbeiter. Und genau auf diesen Gebieten sind wesentliche Unterschiede zu den Grundsätzen deutscher Bahnen zu finden. Als Beispiel wird hier insbesondere auf die Bahnen des englischsprachigen Raumes zurückgegriffen, wo die Unterschiede zum deutschen Bahnbetrieb besonders markant sind.

2.1 Abgrenzung der Stations- und Streckenbereiche

Die für den deutschen Bahnbetrieb charakteristische Unterscheidung zwischen Bahnhof und freier Strecke, aus der sich viele Konsequenzen für die betrieblichen Regelwerke und die Leit- und Sicherungstechnik ergeben, ist bei Bahnen, die nicht der deutsch geprägten Betriebsweise zuzurechnen sind, in dieser Form nicht bekannt. Das deutsche Wort Bahnhof ist nicht einmal sauber ins Englische übersetzbar, da ein vergleichbares betriebliches Konstrukt im englischsprachigen Raum nicht existiert. Dafür existieren teilweise andere Kategorien zur Abgrenzung von Stations- und Streckenbereichen, die auch eine andere Ausprägung der Betriebsverfahren und Sicherungsanlagen zur Folge haben. Dies wird hier beispielhaft an den Grundsätzen der nordamerikanischen und der britischen Bahnen erläutert.

J. Pachl, *Besonderheiten ausländischer Eisenbahnbetriebsverfahren*, essentials,
https://doi.org/10.1007/978-3-658-23853-7_2

2.1.1 Besonderheiten der nordamerikanischen Bahnen

Bei nordamerikanischen Bahnen gibt es auf der Ebene der örtlichen Betriebsstellen zwei Arten von besonders definierten Gleisbereichen:

- Interlocking Limits
- Yard Limits.

Der Term „interlocking" ist im Englischen ein Oberbegriff für die Verschlussabhängigkeiten in der Stellwerkstechnik. Wird er mit einem Artikel verwendet, bezeichnet „an interlocking" die zugehörige Anlage, wobei teilweise das Stellwerk selbst oder, speziell in der nordamerikanischen Terminologie, eine Gleisanlage gemeint ist, in der Weichen und Signale untereinander in Abhängigkeit stehen. Die so genannten Interlocking Limits bezeichnen den Bereich eines einzelnen Fahrstraßenknotens. In einer Anlage, die einem deutschen Bahnhof entspräche, würden die beiden Bahnhofsköpfe eigenständige Interlocking Limits bilden (Abb. 2.1). Ein solcher Fahrstraßenknoten wird an allen, in diesen Knoten führenden Gleisen durch ein Signal mit absolutem Haltbegriff begrenzt. Interhalb der Interlocking Limits gibt es in der Regel keine aufeinander folgenden Signale der gleichen Richtung und damit auch keinen, mit einem deutschen Bahnhofsgleis vergleichbaren Stationsgleisabschnitt.

Der Triebfahrzeugführer kann anhand des Standorts des Hauptsignals der Gegenrichtung immer eindeutig erkennen, an welcher Stelle der Zug die Interlocking Limits verlässt. Das ist betrieblich wichtig, da die Grenze der Interlocking Limits zugleich als Ende des anschließenden Weichenbereichs gilt. Eine Weichenbereichsregel mit Fallunterscheidungen wie in Deutschland gibt es nicht, die an einem Weichen deckenden Hauptsignal signalisierte Geschwindigkeit gilt immer innerhalb der folgenden Interlocking Limits. Das Hauptsignal der Gegenrichtung ist zugleich auch immer die Fahrstraßenzugschlussstelle. Start und Ziel

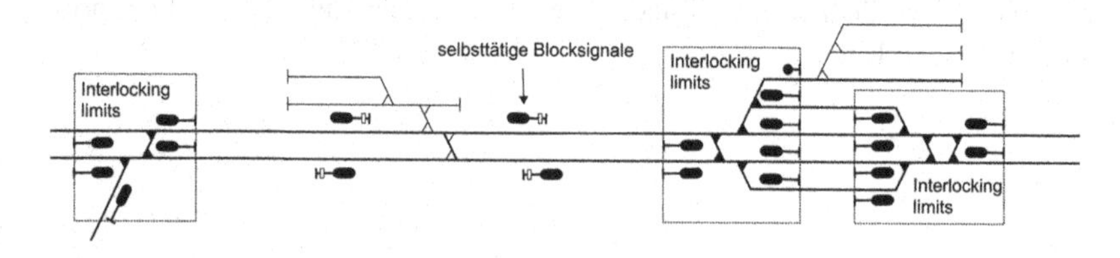

Abb. 2.1 Interlocking Limits, Illustration aus (Pachl 2018)

einer Fahrstraße sind daher immer mit den Grenzen der Interlocking Limits identisch.

Je nach angewandtem Betriebsverfahren sind die Signale an den Grenzen der Interlocking Limits zugleich auch Blocksignale, oder sie autorisieren nur die Zugfahrt im Bereich der Interlocking Limits. Die Interlocking Limits müssen nicht mit dem Steuerbereich eines Stellwerks identisch sein, der Steuerbereich eines Stellwerks kann durchaus mehrere Interlocking Limits enthalten.

Rangierfahrten im europäischen Sinne gibt es nur in reinen Nebengleisbereichen (Yards), wo die Regel gilt, dass alle Fahrten auf Sicht durchzuführen sind. Alle Fahrten auf Hauptgleisen müssen vom Dispatcher zugelassen werden, wobei es keine grundsätzliche Unterscheidung zwischen Zug- und Rangierfahrten gibt. Im signalgeführten Betrieb werden alle Fahrten auf Hauptsignal durchgeführt, eine Analogie zu den europäischen Rangier- und Sperrsignalen gibt es nicht. Auf Strecken, auf denen die Fahrten nicht unmittelbar durch Signale, sondern durch Fahrerlaubnis des Dispatchers zugelassen werden (ähnlich dem deutschen Zugleitbetrieb), können zur Erleichterung des Rangierens so genannte Yard Limits eingerichtet werden. Innerhalb der Yard Limits darf das örtliche Personal auf Hauptgleisen Fahrten auf Sicht durchführen, ohne dass der Dispatcher diesen Fahrten einzeln zustimmen muss. Das heißt, dass sich Rangiereinheiten auf diesen Hauptgleisen wie in einem Yard bewegen dürfen (daher die Bezeichnung Yard Limits). Das betrifft neben nichtsignalisierten Strecken auch Strecken mit einem vereinfachten selbsttätigen Blocksystem, bei dem die Blocksignale nur als Sicherheitsoverlay zur fernmündlich übermittelten Fahrerlaubnis dienen (Abb. 2.2). Diese vereinfachte Form eines selbsttätigen Streckenblocks kann ohne volle Signalabhängigkeit durch Handweichenbereiche geführt sein (Signalbild von der Weichenlage abhängig, aber kein Signalverschluss durch das Fahrt zeigende Blocksignal). Rangiereinheiten können dadurch unter Beachtung bestimmter Vorsichtsmaßnahmen in einen durch selbsttätigen Streckenblock

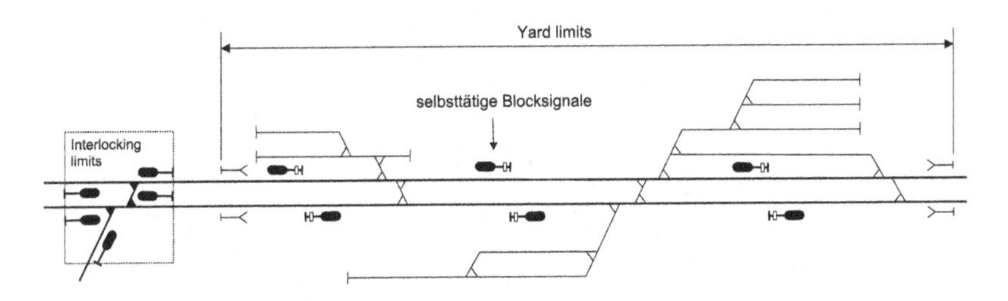

Abb. 2.2 Yard Limits, Illustration aus (Pachl 2018)

gesicherten Blockabschnitt einfahren, wobei die diesen Blockabschnitt deckenden Blocksignale selbsttätig die Haltlage einnehmen. Da aus diesem Grunde auch für Züge beim Durchfahren von Yard Limits besondere Vorsichtsmaßnahmen gelten, werden die Grenzen der Yard Limits den Zügen durch Signaltafeln signalisiert. Auf nichtsignalisierten Strecken werden Yard Limits grundsätzlich auf Sicht durchfahren. Die räumliche Ausdehnung der Yard Limits zeigt keine Analogie zur Rangiergrenze eines deutschen Bahnhofs, sondern folgt rein betrieblichen Bedürfnissen. So werden z. B. außerhalb eines größeren Knotens liegende Gleisanschlüsse (vergleichbar mit einer deutschen Anschlussstelle) häufig in die Yard Limits eines benachbarten Knoten einbezogen, um die Bedienung des Anschlusses betrieblich zu erleichtern.

2.1.2 Besonderheiten der britischen Bahnen

Strecken mit älteren Sicherungsanlagen

Auf britischen Bahnen werden auf Strecken mit örtlich besetzten Stellwerken, auf denen teilweise noch keine durchgehende technische Gleisfreimeldung vorhanden ist, sog. Station Limits eingerichtet, die für jede Fahrtrichtung jeweils durch das erste und letzte von einem Stellwerk gesteuerte Signal begrenzt werden (Abb. 2.3). Das erste Signal wird als Home Signal bezeichnet und stellt eine gewisse Analogie zu einem deutschen Einfahrsignal dar. Das letzte von einem Stellwerk gesteuerte Signal wird als Section Signal (früher: Starter Signal) bezeichnet und unterscheidet sich von einem deutschen Ausfahrsignal dadurch, dass es hinter dem Weichenbereich nach dem Zusammenlauf aller Fahrwege steht, so dass auf dieses Signal keine Weichen mehr folgen. Die Bezeichnung Section Signal rührt daher, dass an diesem Signal, der an den Stellwerksbereich

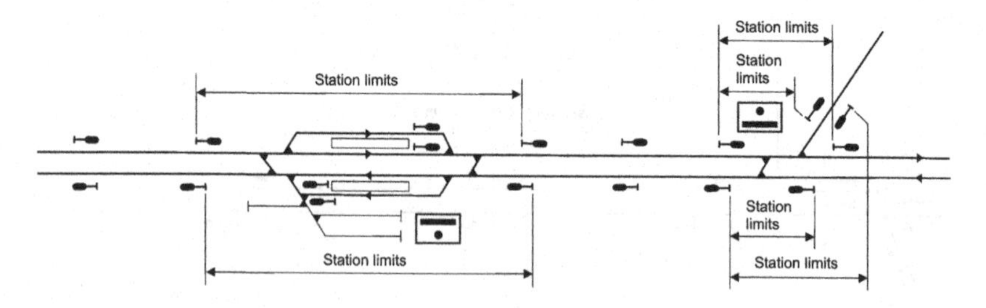

Abb. 2.3 Station Limits, Illustration aus (Pachl 2018)

anschließende Blockabschnitt (Block Section) beginnt. Zwischen Home Signal und Section Signal können weitere Signale vorhanden sein. Wenn in der Ausfahrt aus den Station Limits ein Weichenbereich vorhanden ist, sind davor auch Signale angeordnet. Die Abschnitte zwischen aufeinander folgenden Signalen innerhalb der Station Limits gelten nicht als Blockabschnitte und ähneln in dieser Weise einem deutschen Bahnhofsgleis.

Trotzdem sind die Station Limits nur bedingt mit einem deutschen Bahnhof vergleichbar. Die Station Limits sind im Gegensatz zu einem Bahnhof nicht auf eine Betriebsstelle, sondern auf ein einzelnes Stellwerk bezogen. Während ein deutscher Bahnhof mehrere Stellwerksbezirke umfassen kann, hat jedes britische Stellwerk seine eigenen Station Limits. Die Bezeichnung Station Limits hat auch nichts mit dem im britischen Bahnbetrieb verwendeten Begriff der Station zu tun, der die Bahnsteiganlage bezeichnet und damit etwa dem deutschen Begriff der Verkehrsstation entspricht. Es gibt durchaus Betriebsstellen, bei denen sich die Station außerhalb der Station Limits befindet. In der Frühzeit des britischen Eisenbahnwesens wurden bei einigen Bahnen die Stellwerke als Signal Stations bezeichnet, die heutige Bezeichnung Signalbox setzte sich erst später allgemein durch. Von dem inzwischen nicht mehr benutzten Begriff Signal Station hat sich das Wort Station bis in die heutige Zeit in den Station Limits erhalten.

Wenn eine größere Betriebsstelle, die aus deutscher Sicht als Bahnhof anzusprechen wäre, auf mehrere Stellwerksbezirke aufgeteilt ist, werden die Abschnitte zwischen den einzelnen Stellwerken als Blockabschnitte angesehen und mit der im Abschn. 3.3 beschriebenen Blocksicherung ausgerüstet. Bahnhofsblock mit Zustimmungs- und Befehlsabhängigkeiten ist unbekannt. Um in größeren Knoten übermäßige Signalhäufungen zu vermeiden (im Prinzip hätte jedes Stellwerk seine eigenen Ein- und Ausfahrsignale), wird ein sog. Slot Control verwendet. Dabei kann ein Hauptsignal eine Fahrstraße decken, die durch mehrere Stellwerksbezirke führt. In diesem Fall gibt es in jedem der beteiligten Stellwerke für dieses Signal einen Signalhebel, die untereinander derart verknüpft sind, dass das Signal erst auf Fahrt geht, wenn alle Signalhebel umgelegt sind. Auch auf von örtlichen Stellwerken gesteuerten Betriebsstellen, die aus deutscher Sicht zur freien Strecke gehören würden, werden häufig Station Limits eingerichtet. Somit haben auch Abzweigstellen oft eine Art Stationsgleisabschnitt mit Ein- und Ausfahrsignal.

Das Betriebsverfahren Track Circuit Block

Auf Strecken, auf denen die Zugfolge vollständig durch Gleisfreimeldeanlagen gesichert wird, so dass keine Fahrwegprüfung und Zugschlussbeobachtung erforderlich ist, werden keine Station Limits mehr eingerichtet.

Das Betriebsverfahren auf solchen Strecken wird als Track Circuit Block (TCB) bezeichnet. Dabei handelt es sich nicht, wie eine wörtliche Übersetzung (Gleisstromkreisblock) fälschlich nahelegen könnte, um eine Streckenblockbauform, sondern um ein Betriebsverfahren. Track Circuit Block ist nicht an eine bestimmte technische Ausführungsform der Gleisfreimeldeanlagen gebunden. Obwohl es die Bezeichnung nicht vermuten lässt, kann dieses Verfahren auch mit Achszählern realisiert werden. Es gibt bei Track Circuit Block keinerlei Abgrenzung zwischen Stations- und Streckenbereichen und demzufolge auch keine Signale, die den Charakter von Ein- und Ausfahrsignalen haben. Es wird nur noch zwischen stellwerksbedienten (controlled) und selbsttätigen (automatic) Signalen unterschieden. An einem stellwerksbedienten Signal beginnt eine Fahrstraße, die immer bis zum nächsten Signal reicht. Auf ein selbsttätiges Signal folgt immer ein selbsttätiger Blockabschnitt ohne Weichen. Stellwerksbediente und selbsttätige Signale können beliebig aufeinander folgen. Fahrstraßen, die im Sinne einer deutschen Ausfahrzugstraße nach der letzten Weiche enden und sich mit einer Streckenblocksicherung überlagern, gibt es nicht.

Damit können grundsätzlich auch überall Rangierfahrten verkehren. Allerdings wird normalerweise nur dort rangiert, wo signalisierte Rangierstraßen eingerichtet sind. Durch völligen Verzicht auf eine Abgrenzung von Stations- und Streckenbereichen entfällt auch die Notwendigkeit, die Rangiergrenze eines Stationsbereichs durch Rangierhalttafeln zu kennzeichnen. Eine Besonderheit besteht jedoch in den Fällen, in denen eine Rangierstraße in ein Gleis mit Einrichtungsbetrieb gegen die durch selbsttätige Blocksignale signalisierte Fahrtrichtung führt. Da es in diesem Fall kein Hauptsignal gibt, das als Zielsignal der Rangierstraße fungieren kann, wird als Ziel der Rangierstraße ein ständig Halt zeigendes Rangiersignal angeordnet (sog. „Limit of Shunt Signal", Abb. 2.4). Der Gleisabschnitt vor diesem Signal kann nur für Rangierwendefahrten genutzt werden, Rangierfahrten über dieses Signal hinaus sind nicht möglich.

2.2 Organisation der Fahrdienstleitung

Traditionelle Unterschiede in der Organisation der Fahrdienstleitung gehen im modernen, hochgradig zentralisierten Bahnbetrieb zunehmend verloren. Trotzdem ist für das Verständnis heutiger Betriebskulturen ein kurzer Exkurs in die früher bei nordamerikanischen und britischen Bahnen auf Strecken mit älteren Sicherungsanlagen übliche Aufgabenverteilung sinnvoll.

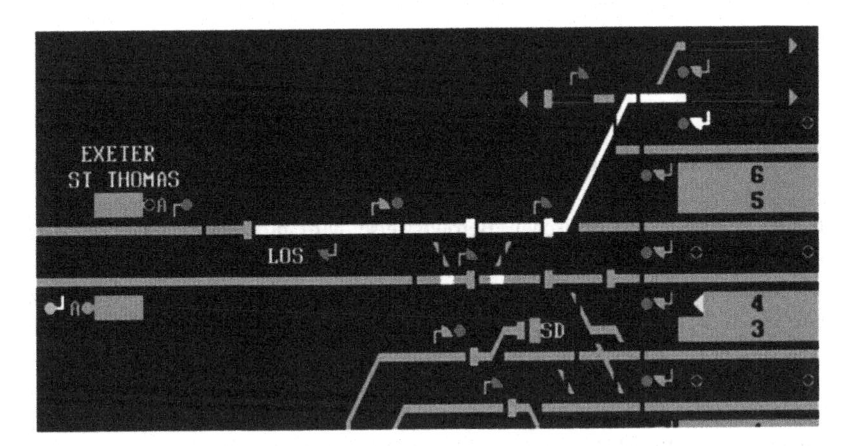

Abb. 2.4 Limit of Shunt Signal auf der Bedienoberfläche in einer Betriebszentrale (Stellwerkssimulation von www.simsig.co.uk)

2.2.1 Besonderheiten der nordamerikanischen Bahnen

Die Fahrdienstleitung wurde bei nordamerikanischen Bahnen von Anfang an von einem zentralen Dispatcher wahrgenommen. Auf Fernsteuerstrecken übernimmt der Dispatcher auch die Stellwerksbedienung. Auf Strecken mit örtlich besetzten Stellwerken handeln die Stellwerksbediener nur im Auftrag des Dispatchers. Der Dispatcher erteilt schriftliche Befehle, spricht Gleissperrungen aus und weist an, welche Fahrten durch Hilfssperren zu sichern sind. Da die Dispatcher aber meist einen streckenbezogenen Verantwortungsbereich haben, wird die Fahrdienstleitung großer Knoten mitunter aus der Betriebshoheit des Dispatchers herausgelöst und einer lokalen Instanz in Form des Train Directors übertragen. Dieser hat dann seinen Arbeitsplatz in einem lokalen Stellwerk und ist in gewisser Weise mit einem deutschen Fahrdienstleiter vergleichbar. Die Stellwerksbezirke sind oft wesentlich größer als bei deutschen Bahnen. In großen Knoten gab es Stellwerke mit mehreren hundert Hebeln, die in Deutschland auf mehrere abhängige Stellwerke aufgeteilt worden wären. Der Grund liegt darin, dass in Nordamerika die durchgehende Gleisfreimeldung mit Gleisstromkreisen in allen Stellwerken zur Standardausrüstung gehört (auch in mechanischen Stellwerken). Äußerlich ist dies auch an der oft sparsamen Anordnung von Fenstern zu erkennen, da die vollständige Einsehbarkeit der Gleisanlage nicht erforderlich war. Damit unterlagen die Stellwerksbezirke keinen Beschränkungen hinsichtlich der Größe der Fahrwegprüfbezirke.

2.2.2 Besonderheiten der britischen Bahnen

In der traditionellen britischen Betriebsweise wird die Fahrdienstleitung wie bei deutschen Bahnen von einem örtlichen Mitarbeiter wahrgenommen. Dieser wird als Signaller (früher Signalman) bezeichnet und hat seinen Arbeitsplatz auf einem Stellwerk. Ein wesentlicher Unterschied zu den deutschen Verfahren besteht darin, dass es keine Unterscheidung zwischen Befehls- und Wärterstellwerken gibt. Alle Stellwerke sind gleich berechtigt, jeder Signaller ist nur innerhalb der Station Limits seines Stellwerks Fahrdienstleiter. Der Signaller ist immer selbst auch Stellwerksbediener, das bei einigen deutschen Bahnen (vorwiegend in Süddeutschland) früher verbreitete Verfahren, die Fahrdienstleitung von der Stellwerksbedienung zu trennen, indem der Fahrdienstleiter über ein reines Befehlswerk nur die Signale freigibt, ist bei britischen Bahnen unbekannt.

2.3 Einteilung der Fahrten mit Eisenbahnfahrzeugen

Die Abgrenzung zwischen Zug- und Rangierfahrten ist bei ausländischen Bahnen teilweise anders geregelt. Die Vielfalt der Lösungen ist außerordentlich groß. So werden bei einigen Bahnen Fahrten mit Zügen, bei denen die Sicherungseinrichtungen für Zugfahrten nicht ordnungsgemäß wirken oder nicht bedient werden dürfen, im betrieblichen Modus einer Rangierfahrt durchgeführt. Teilweise dürfen Rangierfahrten unter gewissen Randbedingungen auch auf die freie Strecke übergehen und werden auch als Rückfallebene für Zugfahrten verwendet, z. B. wenn das Freisein eines Gleises nicht festgestellt werden kann. Einige Bahnen kennen auch mehr als zwei Kategorien. So verwenden die Österreichischen Bahnen eine Einteilung in Zugfahrten, Verschubfahrten (etwa vergleichbar mit deutschen Rangierfahrten) und Nebenfahrten. Letztere bilden eine Grauzone zwischen den Zug- und Verschubfahrten, worunter in Deutschland als Sperrfahrt verkehrende Züge, aber auch bestimmte Rangierfahrten fallen.

Bei nordamerikanischen Bahnen unterscheiden sich Rangierbewegungen auf Hauptgleisen hinsichtlich der Erteilung der Zustimmung zum Befahren eines Gleisabschnitts nicht von Zügen. Es gibt daher auch keine eigenständigen Signalbegriffe für Rangierfahrten. In Europa wurde dieses Prinzip von den

Niederländischen Bahnen übernommen, wenngleich dort betrieblich deutlich zwischen Zug- und Rangierfahrten unterschieden wird. Auch bei einigen anderen westeuropäischen Bahnen gelten die Fahrtbegriffe der Hauptsignale teilweise auch für Rangierfahrten. Bei britischen Bahnen werden manche Fahrten auf Hauptgleisen, die man bei deutschen Bahnen als Rangierfahrten durchführen würde, als Zugfahrt durchgeführt. Dies betrifft z. B. das Bereitstellen eines Zuges am Bahnsteig, wenn für diese Fahrt eine Zugstraße existiert und das Bahnsteiggleis frei ist.

3 Verfahren zur Regelung und Sicherung der Zugfolge

Hinsichtlich der Regelung und Sicherung der Zugfolge lassen sich Betriebsverfahren dahingehend unterscheiden, ob die Zugfahrten im Regelbetrieb durch Signaleinrichtungen oder mit mündlichen oder schriftlichen Weisungen zugelassen werden. Während die nichttechnischen Verfahren in Europa eher eine Randerscheinung sind, spielen sie insbesondere in Nordamerika noch immer eine bedeutende Rolle. Aber auch im signalgeführten Betrieb bestehen zwischen den Bahnen teilweise erhebliche Unterschiede bei der Sicherungslogik der Blocksysteme.

3.1 Klassifizierung von Betriebsverfahren

Vor dem Einstieg in die Unterschiede zu ausländischen Bahnen ist zunächst eine generelle Klassifizierung der Betriebsverfahren in Bezug auf die Regelung und Sicherung der Zugfolge sinnvoll. Und zwar gibt es zwei grundlegende Arten, eine Eisenbahnstrecke zu betreiben, nämlich:

- signalgeführter Betrieb
- nicht signalgeführter Betrieb.

Der Begriff „signalgeführter Betrieb“ wird hier abweichend vom Regelwerk der Deutschen Bahn in etwas allgemeinerer Weise als Oberbegriff für alle Verfahren verwendet, bei denen die Zugfahrten im Regelbetrieb durch Signaleinrichtungen zugelassen werden. Dabei kann es sich sowohl um ortsfeste Signale als auch um Führerraumanzeigen handeln. Lediglich bei Abweichungen vom Regelbetrieb (Störungen, Bauarbeiten) kann es erforderlich werden, dass der Fahrdienstleiter

J. Pachl, *Besonderheiten ausländischer Eisenbahnbetriebsverfahren*, essentials,
https://doi.org/10.1007/978-3-658-23853-7_3

die Zustimmung zur Zugfahrt durch schriftliche oder mündliche Aufträge erteilt. Während bei Führung durch Führerraumanzeigen immer auch Streckenblock vorhanden ist, kann man bei Führung des Zuges durch ortsfeste Signale hinsichtlich der Sicherung der Zugfolge zwischen Strecken mit und ohne Streckenblock unterscheiden. Strecken mit signalgeführtem Betrieb ohne selbsttätigen Streckenblock erfordern immer eine örtliche Fahrdienstleitung, auf Strecken mit selbsttätigem Streckenblock kann die Fahrdienstleitung auch zentralisiert sein.

Im nicht signalgeführten Betrieb werden die Zugfahrten im Regelbetrieb durch mündliche oder schriftliche Weisungen des Fahrdienstleiters zugelassen. Trotzdem kann auch auf solchen Strecken eine teilweise oder vollständige streckenseitige Signalisierung vorhanden sein. Die Signale dienen jedoch nur als Sicherheitsoverlay zur mündlich oder schriftlich erteilten Fahrerlaubnis. Auf Strecken mit nicht signalgeführtem Betrieb ohne durchgehende Signalisierung kann die Zugfolge nur auf nichttechnischem Wege gesichert werden. Die Fahrdienstleitung kann dabei sowohl durch örtliche Fahrdienstleiter oder einen zentralen Zugleiter ausgeübt werden. Die zentralisierte Fahrdienstleitung in Form des Zugleiters wird bei deutschen Eisenbahnen als Zugleitbetrieb bezeichnet.

3.2 Besonderheiten des nordamerikanischen Bahnbetriebes

Die Fahrdienstleitung nordamerikanischer Strecken war als wesentlicher Unterschied zu europäischen Bahnen von Anfang an zentralisiert und wird durch einen sog. Dispatcher wahrgenommen. Obwohl die Bezeichnung Dispatcher auch bei Bahnen außerhalb Nordamerikas verwendet wird, unterscheiden sich diese in grundlegender Weise von den Dispatchern nordamerikanischer Bahnen. Letztere sind keine reinen Disponenten, sondern immer auch mit Sicherheitsverantwortung an der Regelung und Sicherung der Zugfolge beteiligt, haben also fahrdienstleitende Funktionen.

Während sich auf vielen europäischen Hauptstrecken schon im 19. Jahrhundert ein signalgeführter Betrieb mit örtlich besetzten Stellwerken durchsetzte, etablierte sich bei den nordamerikanischen Bahnen die nicht signalgeführte Betriebsform als allgemeiner Standard, wobei diese Betriebsweise in Kombination mit verschiedenen signaltechnischen Ausrüstungen zu einer außerordentlichen Perfektion entwickelt wurde. Ein echter signalgeführter Betrieb, bei dem die Zugfahrten unmittelbar durch Signalfahrtbegriffe zugelassen werden, entstand dort erst mit der Einführung von Fernsteuerbereichen (Centralized Traffic Control – CTC). Wegen der großen Bedeutung von Betriebsverfahren ohne signalgeführten Betrieb außerhalb von CTC (ca. 40 % des Streckennetzes), und weil sich diese in gravierender Weise von den Grundsätzen europäischer Bahnen unterscheiden, wird auf diese Verfahren etwas ausführlicher eingegangen.

3.2.1 Timetable & Train Order

Das Betriebsverfahren Timetable & Train Order (T&TO) hat den nordamerikanischen Bahnbetrieb über 100 Jahre bis zum Ende des 20. Jahrhunderts geprägt. Obwohl heute obsolet, ist ein kurzer Blick auf dieses Verfahren interessant, um eine gegenüber den europäischen Bahnen völlig andere Sichtweise des Systems Bahn kennenzulernen. Auch finden sich im modernen nordamerikanischen Bahnbetrieb vereinzelt noch Elemente, die auf dieses Betriebsverfahren zurückzuführen sind.

Der Folgefahrschutz wird durch das Fahren im Zeitabstand bewirkt. Ein Zug darf dabei einem voraus fahrenden Zug nur in einem Mindestzeitabstand folgen, der so bemessen ist (in der Regel 10 min), dass das Zugpersonal eines Zuges, der liegengeblieben ist oder seine Fahrt unerwartet verlangsamt, in der Lage ist, diesen Zug gegen nachfolgende Züge schützen.

Dazu ist es erforderlich, dass alle Züge mit besetztem Zugschluss fahren. Güterzüge führen zu diesem Zweck einen besonderen Zugschlusswagen, den Caboose. Wenn ein Zug seine Geschwindigkeit auf weniger als die Hälfte der zulässigen Geschwindigkeit reduziert, schützt das Personal des Caboose den Zug gegen das Auffahren nachfolgender Züge, indem in kurzen Abständen brennende Fackeln („fusees") mit einer definierten Brenndauer hinter dem Zug ins Gleis geworfen werden. Ein Zug, der in seinem Gleis auf eine brennende Fackel trifft, hat unverzüglich zu halten. Nachdem die Fackel ausgebrannt oder nicht mehr zu sehen ist, darf der Zug weiterfahren, er muss jedoch eine Meile (ca. 1,6 km) auf Sicht fahren. Bei einem außerplanmäßigen Halt wird der Zug gegen nachfolgende Züge gesichert, indem ein Zugsicherer eine festgelegte Strecke zurück geht und dort auf den Schienen Knallkapseln („torpedos") befestigt. Beim Überfahren einer Knallkapsel gelten die gleichen Vorsichtsmaßnahmen wie beim Passieren einer Fackel.

Die Realisierung des Gegenfahrschutzes folgt dem Grundsatz, dass ein Zug auf einer Kreuzungsstation erst abfahren darf, wenn alle planmäßig abzuwartenden Gegenzüge eingetroffen sind. Damit sich dadurch im Verspätungsfall keine extremen Folgeverspätungen aufbauen, wurde ein äußerst ausgefeiltes System von Vorrangregeln („superiority rules") entwickelt, mit dem die Zugpersonale bei Verspätungen selbstständig von der planmäßigen Zugreihenfolge abweichen und Kreuzungen auf andere Stationen verlegen dürfen. Der Dispatcher kann durch schriftliche Weisungen (Train Orders) an die Zugpersonale die planmäßige Zugreihenfolge und die Vorrangstufen der Züge ändern, neue Fahrplantrassen einlegen, Fahrplantrassen canceln und Sonderzüge einlegen. Die Train Orders werden telefonisch an örtlich besetzte Train-Order-Stationen übermittelt, auf denen sie dann den diese Stationen passierenden Zügen ausgehändigt werden. Dazu sind diese Stationen mit Train-Order-Signalen ausgerüstet, die einem Zug anzeigen, ob er in dieser Station Train Orders aufnehmen soll. Train Orders, die nicht zu einer Änderung der Zugreihenfolge führen, dürfen auch während der Fahrt übergeben werden, wofür besondere Übergabevorrichtungen existieren.

3.2.2 Moderne Verfahren für nicht signalgeführten Betrieb

Die Einführung neuer Betriebsverfahren für nichtsignalisierte Strecken wurde erst in den 1980er-Jahren möglich, als leistungsfähige Funksysteme für einen ständigen Kontakt zwischen dem Dispatcher und den Zugpersonalen zur Verfügung standen.

Die auf dieser Basis seit Mitte der 1980er-Jahre eingeführten Betriebsverfahren zeigen in ihren Grundzügen eine gewisse Analogie zum deutschen Zugleitbetrieb. Der Dispatcher verfolgt die Betriebslage anhand von Zuglaufmeldungen und erteilt den Zügen auf dem Funkwege die Fahrerlaubnis. Da das Fahren im Zeitabstand dabei durch das Fahren im festen Raumabstand ersetzt wird, erfüllen diese Verfahren aus amerikanischer Sicht die Kriterien eines Blocksystems und werden daher auch als funkbasierter manueller Block (Radio Based Manual Block) bezeichnet. Die Fahrerlaubnis wird stets durch einen schriftlichen Befehl (Track Warrant) erteilt, der dem Zugpersonal per Funk diktiert wird.

Dabei ist hinsichtlich der Logik der Fahrwegzuweisung zwischen den beiden Betriebsformen Track Warrant Control (TWC) und Direct Traffic Control (DTC) zu unterscheiden. Bei Track Warrant Control erhält der Zug wie im deutschen Zugleitbetrieb immer eine Fahrerlaubnis bis zu einem definierten Punkt. Anhand der Zuglaufmeldungen weiß der Dispatcher, welchen Punkt der Strecke ein Zug sicher geräumt hat, so dass einem anderen Zug bis zu diesem Punkt wieder Fahrerlaubnis erteilt werden kann. Auf Strecken mit Direct Traffic Control wird die Strecke durch Signaltafeln in Blockabschnitte mit jeweils eindeutiger Bezeichnung eingeteilt. Bei Erteilung der Fahrerlaubnis werden dem Zug ein oder mehrere Blockabschnitte zur Benutzung zugewiesen. Mit der

Zuglaufmeldung gibt der Zug die von ihm geräumten Blockabschnitte wieder an den Dispatcher zurück, der sie dann wieder einem anderen Zug zuweisen kann.

Bei diesen Systemen wird häufig ein rechnergestützter Arbeitsplatz für den Dispatcher vorgesehen, in den alle Zuglaufmeldungen und Track Warrants eingegeben werden, und der die gleichzeitige Ausgabe sich gefährdender Track Warrants verhindert. Damit besteht zumindest am Arbeitsplatz des Dispatchers bereits eine teilweise technische Sicherung. Die Abkehr vom Fahren im Zeitabstand hat auch die Zugschlusswagen entbehrlich gemacht. Um bei Abgabe einer Zuglaufmeldung die Zugvollständigkeit vom Triebfahrzeug aus festzustellen, kommt heute eine funkgestützte Zugschlussüberwachung mittels besonderer Zugschlussgeräte (End of Train Telemetry – EOT) zum Einsatz.

3.2.3 Signalisierte Betriebsverfahren

Auf signalisierten Strecken wird auf nordamerikanischen Bahnen nahezu ausschließlich Mehrabschnittssignalisierung benutzt. Allein stehende Vorsignale sind ausgesprochen selten und kommen fast nur vor, wenn ein Streckengleis ohne durchgehende Signalisierung in einen signalisierten Stellwerksbereich einmündet. Mehrabschnittssignale werden auch bei Blockabschnittslängen verwendet, die den Bremsweg deutlich übersteigen. Die dadurch bedingten Einbußen hinsichtlich der Leistungsfähigkeit sind aufgrund der geringen Zugdichte hinnehmbar. Allerdings erfordert dieses Signalisierungsprinzip eine von europäischen Grundsätzen abweichende Bedeutung des Signalbegriffs „Halt erwarten". „Halt erwarten" (approach) bedeutet nicht, dass im Bremswegabstand ein Halt zeigendes Signal zu erwarten ist, sondern dass die Geschwindigkeit auf einen Wert zu ermäßigen ist (approach speed), aus der sich der Zug einem Halt zeigenden Signal sicher nähern und im Sichtabstand vor diesem Signal zum Halten gebracht werden kann.

Bei signalisierten Betriebsverfahren muss zwischen einem echten signalgeführten Betrieb und Betriebsverfahren unterschieden werden, bei denen die Signalisierung nur als Overlay zu einer nichttechnisch erteilten Zustimmung zur Zugfahrt dient. Einen echten signalgeführten Betrieb, in dem die Zugfahrten unmittelbar durch den Fahrtbegriff am Hauptsignal zugelassen werden, gibt es nur im Betriebsverfahren CTC (Centralized Traffic Control). Obwohl dieser Begriff meist mit Streckenfernsteuerung assoziiert wird, kann es auch kleinere, örtlich besetzte Stellwerke geben, die in das Betriebsverfahren CTC eingebunden sind.

Außerhalb von CTC-Strecken gibt es eine Form des selbsttätigen Streckenblocks, bei dem die selbsttätigen Blocksignale nur über die Gleisstromkreise ohne Blockverschlüsse und Sperren gesteuert werden. Das zugehörige Betriebsverfahren wird als ABS (Automatic Block Signals) bezeichnet. Das Blocksystem kann dabei ohne volle Signalabhängigkeit durch Handweichenbereiche geführt sein (siehe Ausführungen zu Yard Limits im Abschn. 2.1.1). Die Signalisierung wird immer durch ein fernmündliches Autorisierungsverfahren, d. h. TWC oder DTC (früher auch T&TO) überlagert. Für in gleicher Fahrtrichtung folgende Züge darf der Dispatcher überlappende Fahrgenehmigungen erteilen, da der Raumabstand durch die selbsttätigen Blocksignale gewährleistet wird. Ein technischer Gegenfahrschutz ist entweder nicht vorhanden und wird wie auf nicht signalisierten Strecken durch den Dispatcher sichergestellt, oder es kommt das System APB (Absolute Permissive Block, Abb. 3.1) zur Anwendung.

Hinweis: Auch auf CTC-Strecken gibt es selbsttätige Blocksignale, für die jedoch nicht die ABS-Regeln gelten.

Im System APB zeigen die Blocksignale beider Fahrtrichtungen in Grundstellung Fahrt. Bei Ausfahrt auf eine eingleisige Strecke fallen durch eine Verknüpfung der Gleisstromkreise alle Signale der Gegenrichtung bis zur nächsten Ausweichstelle auf Halt. Da in Grundstellung die den eingleisigen Abschnitt aus beiden Richtungen deckenden Signale auf Fahrt stehen, wird die gleichzeitige Einfahrt von beiden Seiten durch die Signalisierung zunächst nicht verhindert. Da sich die Züge dann aber gegenseitig die zwischenliegenden Signale auf Halt werfen, wird ein Frontalzusammenstoß verhindert. Dies zeigt, dass dieses System

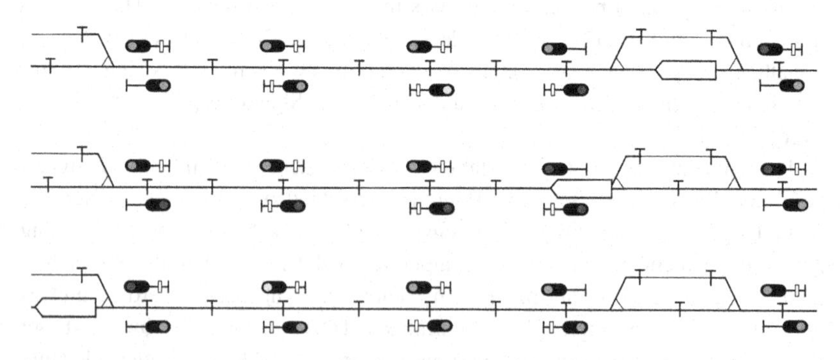

Abb. 3.1 Prinzip des Absolute Permissive Block (APB)

nicht für einen echten signalgeführten Betrieb geeignet ist, sondern immer ein übergeordnetes Autorisierungsverfahren erfordert, das die Zugreihenfolge bestimmt.

Die Ausweichstationen sind mit ortsgestellten Weichen ausgestattet, die vom Zugpersonal bedient werden. Die Einfahrsignale vor den Ausweichstationen erlauben in Haltstellung die permissive Vorbeifahrt auf Sicht. Die Kreuzungsgleise sind nicht in die Gleismeldung einbezogen, da wegen der zu seltenen Benutzung die sichere Funktion der Gleisstromkreise nicht garantiert werden kann (Rostproblem). Ein Zug, der in ein Kreuzungsgleis einfahren möchte, hält zunächst vor dem Fahrt zeigenden Einfahrsignal. Nach dem Umstellen der Weiche fällt das Einfahrsignal durch Unterbrechung des Gleisstromkreises auf Halt. Der Zug kann jetzt auf Sicht in das Kreuzungsgleis einfahren. Nach dem Zurückstellen der Weiche in die Grundstellung geht das Signal für das durchgehende Hauptgleis wieder auf Fahrt.

Das Prinzip des Absolute Permissive Block wurde nach dem Zweiten Weltkrieg unter dieser Bezeichnung auch von den Niederländischen Eisenbahnen adaptiert, allerdings in einer an europäische Verhältnisse angepassten Form. Dabei sind die Bahnhöfe mit stellwerksbedienten Ein- und Ausfahrsignalen und voller Fahrstraßensicherung ausgerüstet. Übernommen wurde lediglich das Prinzip, dass die selbsttätigen Blocksignale beider Fahrtrichtungen in Grundstellung Fahrt zeigen. Sobald in einem Bahnhof eine Ausfahrstraße auf eine eingleisige Strecke eingestellt wird, fallen alle selbsttätigen Blocksignale der Gegenrichtung auf Halt.

Hinweis: Die Anwendung von Absoluthalt- und Permissivhaltsignalen ist kein Alleinstellungsmerkmal des Systems APB, sondern weltweit bei vielen selbsttätigen Blocksystemen anzutreffen. Mit APB wird jedoch immer nur ein System im hier beschriebenen Sinne bezeichnet.

3.3 Besonderheiten des britischen Bahnbetriebes

Die britischen Bahnen gehörten zu den ersten, die im 19. Jahrhundert zum Fahren im festen Raumabstand mit ortsfesten Signalen übergingen. Die Kommunikation zwischen den eine Blockstrecke begrenzenden Stationen erfolgte im Gegensatz zu den deutschen Grundsätzen nicht telefonisch, sondern durch Klingelzeichen. Dazu wurden mit Einschlagweckern, die mit einer Art Morsetaste bedient wurden, verschiedene Läutefolgen erzeugt, mit denen sich die Bediensteten anhand eines genormten Codes (Bell Code) über die Zugfolge verständigten. Zusätzlich signalisieren sich die Zugfolgestellen die Belegung der Blockstrecken über

Blockanzeiger (mit meist drei Stellungen: „Line blocked“ = Grundstellung, „Line clear“ und „Train on Line“). Diese Apparate sind jedoch nicht mit den deutschen Blockfeldern vergleichbar, da eine Abhängigkeit zu den Signalen in der Regel nicht besteht. Die britischen Blocksysteme dieser Ausführungsform erfüllen damit auch nicht die deutsche Definition des Streckenblocks. Später wurden teilweise auch Blockabhängigkeiten mit Signalverschluss nachgerüstet und damit ein „echter“ Streckenblock geschaffen. Zugfolgesicherung mit Blockanzeigern wurde in größeren Knoten teilweise auch auf Gleisen eingerichtet, die bei deutschen Bahnen als Bahnhofsgleise anzusehen wären. Der Grund liegt in der unterschiedlichen Aufteilung der Fahrdienstleitung auf den Betriebsstellen (vgl. Abschn. 2.1). Da Zustimmungs- und Befehlsabhängigkeiten nicht existieren, müssen sich die Bediener benachbarter Stellwerke mit Blockanzeigern über die Zugfolge verständigen.

Der Gegenfahrschutz auf eingleisigen Strecken wird auf britischen Bahnen mit alten Sicherungsanlagen oft durch tokenbasierte Blocksysteme bewirkt, bei denen ein als Token bezeichnetes physisches Zeichen (Zugstab, Scheibe, Schlüssel) als Träger der Erlaubnisinformation verwendet wird. Das Tokenverfahren funktioniert in seiner einfachsten Form derart, dass für einen eingleisigen Abschnitt genau ein Token existiert, das sich bei der Betriebsstelle befindet, die im Besitz der Erlaubnis ist. Zum Wechsel der Erlaubnis wird das Token dem Zug mitgegeben, woraus der entscheidende Nachteil resultiert, dass vor jeder Zugfahrt entschieden werden muss, ob mit diesem Zug die Erlaubnis wechseln soll oder nicht. Ein nachträgliches Ändern der Erlaubnisrichtung ist nicht möglich. Zum Ausgleich dieses Mangels wurde das System zum elektrischen Tokenblock weiterentwickelt, bei dem es für einen Streckenabschnitt nicht nur ein, sondern eine definierte Anzahl von Token gibt. Dabei muss jedem Zug ein Token mitgegeben werden. Die Token werden auf den korrespondierenden Betriebsstellen in Tokenblockapparate eingesteckt, die untereinander elektrisch verbunden sind. Wenn die Summe der in beiden korrespondieren Apparaten eingesteckten Token der Gesamtzahl der für diesen Abschnitt existierenden Token entspricht, kann man genau ein Token entnehmen (egal auf welcher Station). Nach der Entnahme eines Tokens sind alle anderen Token auf beiden Stationen verschlossen. Das entnommene Token wird dem Triebfahrzeugführer des abzulassenden Zuges ausgehändigt, der es bei der Gegenstelle wieder abgibt. Nachdem das Token in den dortigen Blockapparat eingesteckt wurde, kann wiederum genau ein Token entnommen werden. Einige britische Bahnen führten später auch tokenlose Blocksysteme ein, die gewisse Analogien zum deutschen Streckenblock zeigten, eine nennenswerte Verbreitung erlangten diese Systeme in der traditionellen britischen Sicherungstechnik jedoch nicht.

Auch in modernen Betriebszentralen kann es Schnittstellen zu Strecken mit Tokensicherung geben. Das Tokenblockgerät befindet sich dazu auf einer örtlich unbesetzten Betriebsstelle und wird vom Zugpersonal bedient. Das Ausfahrsignal auf eine Strecke mit Tokensicherung lässt sich erst auf Fahrt stellen, wenn der Triebfahrzeugführer nach Freigabe durch die Betriebszentrale vor Ort aus dem Tokenblockgerät das Token entnommen hat. Bei der Einfahrt von einer Tokenblockstrecke lässt sich das Einfahrsignal erst auf Fahrt stellen, nachdem der Zug vor dem Signal gehalten hat und der Triebfahrzeugführer das Token wieder in das Tokenblockgerät eingeführt hat. Dadurch soll vermieden werden, dass der Triebfahrzeugführer beim Verlassen der Tokenblockstrecke die Rückgabe des Tokens vergisst.

Verfahren zur Fahrwegsicherung

4

Die Entwicklung der Stellwerkstechnik verlief in den englischsprachigen Ländern deutlich anders als in Deutschland. Zwischen den Bahnen des englischsprachigen Raumes bildeten sich ebenfalls gewisse Unterschiede heraus, vor allem bedingt durch abweichende Betriebsverfahren, diese sind jedoch im Vergleich zu der sich vollkommen andersartig entwickelten deutschen Stellwerkstechnik marginal.

Wesentliche Unterschiede zur deutschen Fahrwegsicherung liegen auf folgenden Gebieten:

- andere Gestaltung der Fahrstraßenlogik (Kaskadenstellwerke)
- abweichende Prinzipien zur Fahrstraßenfestlegung und zur ersatzweisen Rücknahme von Fahrstraßen
- abweichende Prinzipien zur Durchrutschwegsicherung
- abweichende Prinzipien zum Flankenschutz.

4.1 Das Verschlussprinzip der Kaskadenstellwerke

Das Prinzip der Kaskadenstellwerke ist in Reinkultur nur noch in den mechanischen Verschlussregistern von Hebelstellwerken zu finden. Rudimente dieser Verschlusslogik finden sich aber auch im Schaltungsaufbau von Relaisstellwerken. Die für die Kaskadenstellwerke entwickelte Notation der Verschlusstabellen wird teilweise auch in modernen Stellwerken verwendet, die nicht mehr auf einer reinen Kaskadenlogik basieren. Auch finden sich selbst in elektronischen Stellwerken gelegentlich Verschlussabhängigkeiten, z. B. verkettete Folgeabhängigkeiten zwischen Weichen, die ihren Hintergrund in der Kaskadenlogik haben.

J. Pachl, *Besonderheiten ausländischer Eisenbahnbetriebsverfahren*, essentials,
https://doi.org/10.1007/978-3-658-23853-7_4

Es gibt in der Fachwelt keine einhellige Meinung, ob man die Kaskadenstellwerke eher der tabellarischen oder der geografischen Fahrstraßenlogik zurechnen sollte. Einerseits gibt es für die Kaskadenlogik eine tabellarische Notation, andererseits wird diese aber aus den geografischen Lagebeziehungen der Fahrwegelemente abgeleitet. Im Unterschied zu Fahrstraßenstellwerken gibt es im Verschlussregister eines Kaskadenstellwerks keine Fahrstraßenschubstangen und damit auch keine Fahrstraßenhebel, durch die alle Elemente einer Fahrstraße auf einmal verschlossen werden. Stattdessen baut sich der Fahrstraßenverschluss durch Verkettung von Folgeabhängigkeiten zwischen den Weichen- und Signalhebeln schrittweise (d. h. in Form einer Verschlusskaskade) bis zur Freigabe des Startsignals der Fahrstraße auf. Dabei müssen die Weichenhebel oft in einer bestimmten Reihenfolge umgelegt werden. Da die Abhängigkeiten unmittelbar zwischen den Hebeln hergestellt werden, ist es sinnvoll, wenn Hebel, zwischen denen eine Folgeabhängigkeit besteht, auf der Hebelbank möglichst benachbart oder zumindest nicht weit voneinander entfernt angeordnet werden. Daher sind in einem Kaskadenstellwerk die Hebel nicht wie in einem deutschen Stellwerk nach ihrer Funktion sortiert (Signalhebel getrennt von Weichen-, Riegel- und Gleissperrenhebeln), sondern bunt gemischt entsprechend ihrer geografischen Lage angeordnet. Die in deutschen Stellwerken sinnfällige Anordnung der Signalhebel unmittelbar neben dem Blockwerk, um nach dem Verschließen und Festlegen der Fahrstraße einen kurzen Weg zum Signalhebel zu haben, ist für Kaskadenstellwerke nicht zweckmäßig, da es dort weder Fahrstraßenhebel noch Blockfelder gibt. Mechanische Stellwerke mit Kaskadenlogik werden häufig über Langschafthebel bedient, deren Drehpunkt sich unterhalb des Fußbodens befindet. Ein solcher Hebel ist rein von der physischen Erreichbarkeit praktisch unbedienbar, wenn die beiden unmittelbar benachbarten Hebel umgelegt sind. Daraus ergibt sich die interessante Restriktion, dass die Verschlusskaskaden so geplant werden müssen, dass dieser Fall nicht eintritt.

Die Verschlussregister sind in ihrem Aufbau wesentlich komplizierter als in einem Fahrstraßenstellwerk. Dafür sind die Verschlusstabellen relativ einfach zu lesen. Die Verschlusstabelle besteht aus drei Spalten. In der linken Spalte stehen die verschließenden Elemente, d. h. in Altstellwerken die Hebel, bei deren Umlegen andere Elemente verschlossen werden. In der äußeren rechten Spalte stehen die Elemente, die durch Umstellen der Elemente aus der linken Spalte verschlossen werden. Nicht eingekreiste Elemente werden in der Grundstellung, eingekreiste Elemente in der umgelegten Stellung verschlossen. Wenn ein Element in beiden Stellungen aufgelistet ist, wird es in jeder Lage verschlossen. In der mittleren Spalte stehen die Verschlussbedingungen. Zeilen, in denen diese Spalte leer ist, beschreiben permanente Abhängigkeiten. Zeilen, in denen Werte in die Bedingungsspalte eingetragen sind, beschreiben bedingte Abhängigkeiten. Das bedeutet, dass der Verschluss der in der rechten Spalte stehenden Elemente nur dann eintritt, wenn sich die in der Bedingungsspalte aufgeführten Elemente in der angegebenen Lage befinden.

Im Beispiel von Abb. 4.1 stehen in der linken Spalte nur Signalbezeichnungen. Das bedeutet, dass in diesem Stellwerk permanente Abhängigkeiten nur zwischen Signalen und Weichen bestehen. In der Praxis werden jedoch in Hebelstellwerken häufig auch permanente Abhängigkeiten zwischen Weichen vorgesehen. Dadurch reduziert sich die Anzahl der erforderlichen Verschlussstücke im Verschlussregister. Der besondere Fahrstraßenausschluss von Gegenfahrten ergibt sich in Kaskadenstellwerken von selbst, da sich am Ende einer Verschlusskaskade immer das Signal der Gegenrichtung befindet, das in Haltstellung verschlossen wird. Der besondere Ausschluss von höhengleich kreuzenden Fahrstraßen, die sich nicht in der Stellung beweglicher Fahrwegelemente unterscheiden, wird durch einen besonderen, in die Verschlusskaskaden einbezogenen Hebel bewirkt, durch den die Kreuzung sozusagen fiktiv gestellt wird, indem sich dieser Hebel für kreuzende Fahrten jeweils in unterschiedlicher Lage befinden muss.

	Bedingungen	Verschlüsse
11		1 2 3 ③
	3	4 12
	③	④ 5 ⑤
	③ 5	22
	③⑤	32
21		1 ① 3 4
	1	2 5 ⑤
	1 5	22
	1 ⑤	32
	①	② 12
12		2 ② 3 4
	2	1 11
	②	① 21
22		1 2 4 ④ 5
	4	3 21
	④	③ 11
32		1 2 4 ④⑤
	4	3 21
	④	③ 11

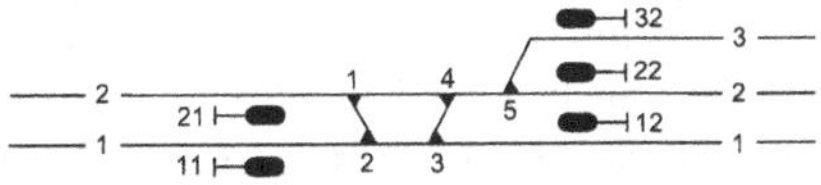

Symbole in der Verschlusstabelle

2 Weiche Nr. 2 in Grundstellung verschlossen
② Weiche Nr. 2 in umgelegter Stellung verschlossen
2 ② Weiche Nr. 2 in jeder Stellung verschlossen

Abb. 4.1 Beispiel für die Notation der Verschlusslogik eines Kaskadenstellwerks, Illustration aus (Pachl 2015)

Eine alternative Darstellungsform besteht darin, dass in einer Spalte die Elemente aufgeführt sind, die durch das Umlegen eines Hebels verschlossen werden, und in einer weiteren Spalte die Elemente, die durch das Umlegen des Hebels freigegeben werden. Bei dieser Darstellungsform kann die Bedingungsspalte entfallen. Dafür muss für alle Hebel eine eigene Zeile vorgesehen werden.

4.2 Fahrstraßenfestlegung und Rücknahme von Fahrstraßen

In der Frühzeit der Eisenbahn wurde die Fahrstraßenfestlegung, d.h. die Verhinderung des Umstellens von Weichen unter dem fahrenden Zug nach der Haltstellung des die Fahrstraße verschließenden Startsignals, durch Fühlschienen bewirkt. Dabei war vor dem Umstellen einer Weiche ein mit dem Weichenhebel in Folgeabhängigkeit stehender Fühlschienenhebel umzulegen, durch den die am Gleis angebrachte Fühlschiene angehoben wurde. Befanden sich in dem durch die Fühlschiene überwachten Bereich Fahrzeuge, verhinderten die Spurkränze ein Anheben der Fühlschiene und damit ein Umstellen der Weiche. Im Prinzip können die Fühlschienen als eine frühe Art von Gleisfreimeldeanlagen betrachtet werden.

In Deutschland verschwanden die Fühlschienen mit der Einführung der Blockfelder, die eine blockelektrische Fahrstraßenfestlegung als Vorbedingung für die Fahrtstellung des Startsignals ermöglichten. Anders im angelsächsischen Raum. Dort wurden die Fühlschienen ab dem Ende des 19. Jahrhunderts zunehmend durch Gleisstromkreise ersetzt, die auf elektrische Hebelsperren an den Weichenhebeln wirkten. Die Fahrstraßenfestlegung durch Abfall der Hebelsperren trat bereits beim Befahren eines Annäherungsabschnitts ein, um das Umstellen von Weichen auch bei vorzeitiger Signalrücknahme zu verhindern. Als ein wesentlicher Unterschied zur deutschen Fahrstraßensicherung wurden die Fahrstraßen erst bei bereits Fahrt zeigendem Signal festgelegt. Solange der Zug noch nicht den Annäherungsabschnitt befahren hat, wird der Fahrstraßenverschluss nur durch das Fahrt zeigende Signal über die Signalabhängigkeit aufrechterhalten. Das hat betrieblich den Vorteil, dass eine Fahrstraße, solange sich noch kein Zug nähert, ohne Weiteres wieder zurückgenommen werden kann. In Abb. 4.2 ist das deutsche Prinzip der Fahrstraßenfestlegung dem Prinzip des Annäherungsverschlusses (engl. „approach locking") in Form von Aktivitätsdiagrammen gegenübergestellt.

Das in deutschen Stellwerken geltende Prinzip, dass die Fahrstraßenfestlegung eine Vorbedingung der Signalfahrtstellung ist, ist unmittelbar auf die Erfindung des Blockfeldes zurückzuführen. Da in deutschen mechanischen Stellwerken die Festlegung durch das Bedienen eines Blockfeldes eintritt, muss man sich durch

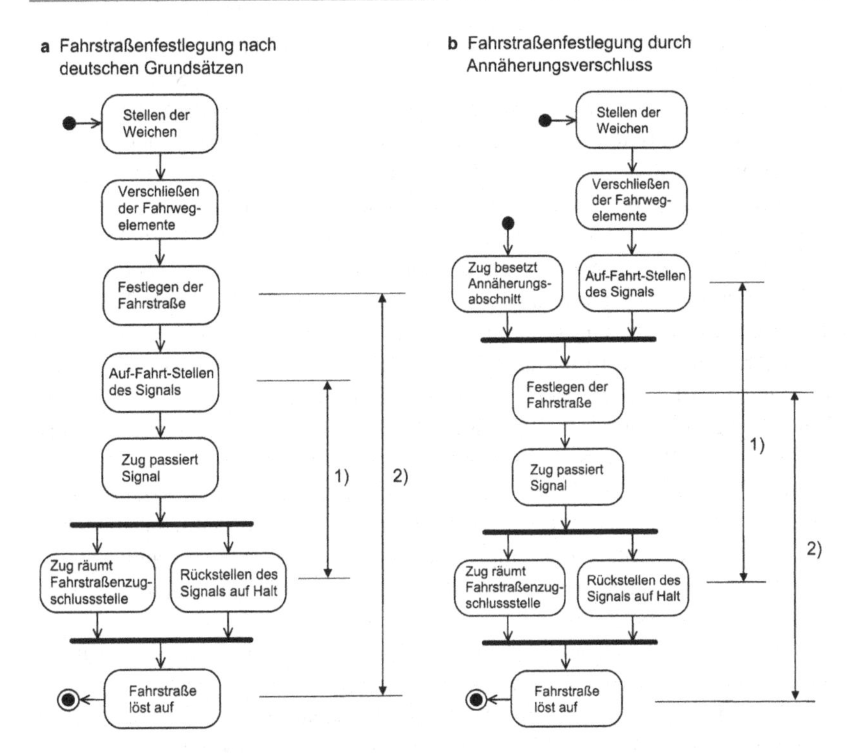

Abb. 4.2 Prinzipien der Fahrstraßenfestlegung

diese Abhängigkeit davor schützen, diese Bedienung zu vergessen. Gleiches gilt auch für die deutsche Relaistechnik, die auf Verwendung von Relais der Sicherheitsklasse C basiert. Diese Relais sind über zwangsgeführte Kontakte auf Abfall bzw. Wirkstellung zu prüfen. Daher wird beim Auf-Fahrt-Stellen des Signals eine Wirkstellungsprüfung des Festlegerelais vorgenommen. Bahnen, die keine Blockfelder benutzten und später in der Relaistechnik hochzuverlässige Relais der Sicherheitsklasse N verwendeten, die keine Abfallprüfung erfordern, kennen diese Abhängigkeit nicht. Allerdings verwenden einige Bahnen als Schutz gegen ein Versagen des Annäherungskriteriums zusätzlich eine Zeitabhängigkeit, indem nach einer festgelegten Zeit nach dem Auf-Fahrt-Stellen des Signals (typischer Wert: 2 min) der Annäherungsverschluss auch ohne Befahren des Annäherungsabschnitts eintritt.

In elektronischen Stellwerken ist der Grund für die unterschiedlichen Festlegeprinzipien entfallen. Daher sind in einem elektronischen Stellwerk beide Prinzipien mit gleicher Sicherheit möglich. Trotzdem behalten die Bahnen üblicherweise ihr traditionelles Prinzip auch in elektronischen Systemen bei.

Der hier beschriebene Annäherungsverschluss ist von der in deutschen Relaisstellwerken der WSSB-Bauformen vorhandenen Annäherungsschaltung zu unterscheiden. Dabei läuft eine Fahrstraße zunächst nur bis in ein rücknehmbares Verschlussstadium hoch. Das Signal bleibt in diesem Stadium noch auf Halt und wartet auf die Annäherung des Zuges (Signalstellbereitschaft). Nach dem Befahren des Annäherungskriteriums tritt die Festlegung ein, und das Signal geht auf Fahrt. Betrieblich ist das ähnlich vorteilhaft wie der Annäherungsverschluss, das Signal wird aber erst nach eingetretener Festlegung auf Fahrt gestellt. Weiterhin wird bei der Deutschen Bahn auch die Bezeichnung Annäherungsverschluss in einer vom Prinzip des „approach locking" abweichenden Bedeutung verwendet. Bei dieser in einigen Stellwerken vorhandenen Funktion wird, nachdem der Zug bei bereits festgelegter Fahrstraße den Annäherungsabschnitt befahren hat, eine Fahrstraßenhilfsauflösung erschwert, indem vor einer Hilfsauflösung der Gesamtfahrstraße zunächst das erste Fahrwegelement einzeln manuell hilfsaufgelöst werden muss.

Die Fahrstraßenfestlegung ist eng mit den Verfahren zur ersatzweisen Rücknahme einer festgelegten Fahrstraße verbunden. Zunächst einmal hängt die Möglichkeit einer Gefährdung durch die Rücknahme einer Fahrstraße entscheidend davon ab, wo sich der Zug, für den die Fahrstraße eingestellt wurde, gerade befindet. Dabei sind drei Fälle zu unterscheiden:

a) Der Zug befindet sich noch vor dem Sichtpunkt des Vorsignals.
b) Der Zug befindet sich zwischen dem Sichtpunkt des Vorsignals und dem Startsignal der Fahrstraße.
c) Der Zug befindet sich zwischen dem Startsignal und der Fahrstraßenzugschlussstelle bzw. dem gewöhnlichen Halteplatz.

Im Fall a) tritt durch Rücknahme der Fahrstraße keine Gefährdung ein. Da der Triebfahrzeugführer das Freiwerden des Vorsignals noch nicht wahrgenommen hatte, wird er vor dem Halt zeigenden Startsignal der Fahrstraße zum Halten kommen. Im Fall b) ist damit zu rechnen, dass der Triebfahrzeugführer die Rücknahme des Fahrt zeigenden Signals zu spät bemerkt, um noch vor dem Signal anhalten zu können. Der Zug wird mit hoher Wahrscheinlichkeit das Signal überfahren und erst in der Fahrstraße zum Halten kommen. Eine Gefährdung tritt ein, wenn nach der Rücknahme des Signals die Fahrstraße aufgelöst wird, bevor der Zug zum

Halten gekommen ist. Im Fall c) kann dem Triebfahrzeugführer, da der Zug das Signal bereits passiert hat, kein Haltauftrag durch Rücknahme des Signals übermittelt werden. Eine Gefährdung tritt ein, wenn der Zug zum Zeitpunkt der Fahrstraßenhilfsauflösung die Fahrstraßenzugschlussstelle noch nicht geräumt hat bzw. am gewöhnlichen Halteplatz zum Halten gekommen ist. Einige Bahnen schätzen daher die Möglichkeit einer Gefährdung im Fall c) höher ein als im Fall b).

In deutschen Stellwerken ist in allen drei Fällen eine Rücknahme der Fahrstraße durch eine Fahrstraßenhilfsauflösung möglich. Für das Nichteintreten einer Gefährdung ist allein der Mensch durch Beachtung betrieblicher Regeln verantwortlich. Um die Einhaltung dieser Regel durch den Bediener zu forcieren, erfolgt die Fahrstraßenhilfsauflösung durch eine zählpflichtige Bedienung. Die meisten Bahnen außerhalb Deutschlands folgen diesem Prinzip nicht, sondern sichern die Rücknahme einer Fahrstraße technisch ab. Die Art der Sicherung orientiert sich dabei an den Gefährdungsmöglichkeiten der oben genannten Fälle a), b) und c). Im Fall a) ist noch kein Annäherungsverschluss wirksam, so dass die Fahrstraße durch das Auf-Halt-Stellen des Signals wieder zurückgenommen werden kann. Wird das Signal nach Eintreten des Annäherungsverschlusses auf Halt zurückgestellt, wird der Fahrstraßenverschluss während einer eingestellten Verzögerungszeit zwangsläufig aufrecht erhalten. Die Zeitverzögerung ist so bemessen, dass der Zug mit hoher Wahrscheinlichkeit zum Halten gekommen ist, so dass die für Fall b) beschriebene Gefährdung verhindert wird. Manche Bahnen sehen diesen Zeitverschluss auch schon für den Fall a) vor, weil sie davon ausgehen, dass auch der Triebfahrzeugführer eines noch weiter entfernten Zuges evtl. bei guten Sichtverhältnissen doch schon das Freiwerden des Vorsignals wahrgenommen haben könnte und dann bei einer Signalrücknahme den Wechsel in die Warnstellung nicht mehr bemerkt. Bei diesen Bahnen tritt die Festlegung nicht durch Annäherungsverschluss, sondern ähnlich dem deutschen Prinzip beim Auf-Fahrt-Stellen des Signals ein. Wenn der Zug bereits das Startsignal der Fahrstraße passiert hat, behalten einige Bahnen zur Absicherung der Hilfsauflösung das Prinzip des Zeitverschlusses bei, teilweise durch eine Funktion ergänzt, dass der Auflösevorgang abbricht, wenn während der laufenden Zeitverzögerung innerhalb der Fahrstraße der Frei/Besetzt-Status von Freimeldeabschnitten wechselt, das Stellwerk also eine Fahrzeugbewegung detektiert. In so einem Fall muss die zeitverzögerte Auflösung erneut angestoßen werden. Es gibt aber auch Bahnen, die noch einen Schritt weiter gehen, und nach dem Passieren des Startsignals überhaupt keine Hilfsauflösung mehr ermöglichen. Solche Bahnen kennen die Rücknahme einer Fahrstraße nur im Anschluss an die Rücknahme eines Fahrt zeigenden Signals, bevor der Zug dieses Signal passiert hat. Das bedeutet auch, dass, wenn nach einer Zugfahrt die zugbewirkte Auflösung versagt, der Bediener keine Möglichkeit hat, Auflösereste durch Hilfshandlungen beseitigen, so dass die Grundstellung durch einen Instandhalter hergestellt werden muss. Dafür kann es aber möglich sein, bei Versagen der zugbewirkten Fahrstraßenauflösung auf dem gleichen Fahrweg erneut eine Fahrstraße einzustellen, teilweise geht sogar das Signal wieder auf Fahrt. Es fehlt dabei die in deutschen Stellwerken vorgeschriebene Abhängigkeit, dass eine Fahrstraße auf gleichem Fahrweg erst dann wieder eingestellt werden kann, nachdem die vorangegangene Fahrstraße komplett aufgelöst worden ist. Der Hintergrund dieser Regel liegt noch in der Relaistechnik. Durch die in deutschen Relaisstellwerken üblichen Signalrelais der Klasse C war das Herstellen der Grundstellung nötig, um für alle an der Fahrstraße beteiligten Relais eine Abfallprüfung vornehmen zu können. Bei Bahnen, die in der Relaistechnik mit Relais der Klasse N arbeiten, ist eine Abfallprüfung nicht erforderlich und damit das zwangsläufige Herstellen der Grundstellung entbehrlich.

4.3 Durchrutschwegsicherung

Es gibt wohl kaum ein anderes Element der Sicherung des Bahnbetriebes, über dessen Art der Anwendung und dessen sicherheitlichen Nutzen zwischen den Bahnen größere und grundlegendere Meinungsverschiedenheiten bestehen, als den Durchrutschweg. Einigkeit besteht weder darüber, ob Durchrutschwege überhaupt einen nennenswerten sicherheitlichen Nutzen haben, noch darüber, sofern man einen sicherheitlichen Nutzen anerkennt, wie lang Durchrutschwege sein sollten, und mit welchen Stellwerksfunktionen sie zu sichern sind. Das Spektrum reicht vom völligen Verzicht auf Durchrutschwege (z. B. Niederlande), über einen Quasi-Verzicht, indem die Durchrutschwege durch sehr kurze Schutzwege ersetzt werden (z.B. Österreich), bis zur Anwendung von Durchrutschwegen mit bis zu 400 m Länge (z. B. Großbritannien). Bei den Maßnahmen zur Durchrutschwegsicherung sind nahezu alle denkbaren Verschlussprinzipien anzutreffen. So gibt es Bahnen, die alle Weichen im Durchrutschweg verschließen, andere verschließen nur die spitz befahrenen, andere nur die stumpf befahrenen. Manche Bahnen verschließen Weichen im Durchrutschweg überhaupt nicht, sondern schließen nur gefährdende Fahrten aus. Flankenschutz für den Durchrutschweg ist bei einigen Bahnen üblich, bei anderen hingegen nicht. Viele Bahnen variieren die Länge der Durchrutschwege in Abhängigkeit von mehreren Kriterien. Typische Kriterien sind die Art des Signals, die Art des Gefahrpunkts und die Geschwindigkeit, mit der ein Zug in dem Abschnitt vor dem Halt zeigenden Signal fahren darf.

Ein interessantes Kriterium, das an die Stellwerkslogik besondere Anforderungen stellt, haben die Schweizer Bahnen. Dort hängt die Länge des

Durchrutschweges von der Art der Fahrt ab, die durch einen durchrutschenden Zug gefährdet werden kann. So darf hinter einem Halt zeigenden Signal, auf das hin eine Zugfahrt stattfindet, eine Rangierfahrt in einem kürzeren Abstand kreuzen oder einmünden als eine Zugfahrt. Daraus folgt eine vollkommen andere Sicherungslogik für Durchrutschwege. Der Durchrutschweg wird im Unterschied zu fast allen anderen Bahnen nicht als eine Art Fortsetzung der Fahrstraße über das Zielsignal hinaus betrachtet. Die Fahrstraße endet stattdessen immer am Zielsignal, und der Durchrutschweg ist eher als ein geschützter Raum hinter dem Zielsignal anzusehen. Auf eine Freimeldung des Durchrutschweges wird grundsätzlich verzichtet, nur in bestimmten Fällen wird die Freimeldung ein Stück über das Zielsignal ausgedehnt. Ist im Durchrutschweg ein Ausschluss mit anderen Fahrten erforderlich, werden die betreffenden Weichen und Kreuzungen mit dem sog. „besonderen Verschluss" belegt, der für diese Elemente eine Beanspruchung setzt und andere Fahrten über diese Elemente ausschließt. Besonderer Verschluss bedeutet jedoch nicht zwingend, dass die betreffenden Elemente gegen Umstellen verschlossen sind. Im Durchrutschweg liegende Weichen werden nur dann umgestellt und verschlossen, wenn dadurch der Abstand zu einem Gefahrpunkt vergrößert werden kann. Weichen im Durchrutschweg dürfen auch bei Fahrt zeigendem Signal umgestellt werden, um eine Fahrtbegriffsaufwertung zu ermöglichen (ähnelt ein wenig den weiter unten beschriebenen „swinging overlaps" des englischsprachigen Raums).

Eine eher deutsche Spezialität, die bei vielen Bahnen unbekannt ist, ist die Zulässigkeit sich überlappender Durchrutschwege, weswegen auf die Signalabhängigkeit von stumpf befahrenen Weichen im Durchrutschweg verzichtet werden darf. Im Schweizer System ist dies jedoch ebenfalls möglich.

Viele Bahnen kennen Wahldurchrutschwege, sowohl hinsichtlich der Richtung, in die der Durchrutschweg weist, als auch hinsichtlich der Länge des Durchrutschweges. Dabei gibt es unterschiedliche Auffassungen darüber, ob nach Wahl eines verkürzten Durchrutschweges mit entsprechend herabgesetzter Geschwindigkeitssignalisierung am rückliegenden Signal der Durchrutschweg unter Aufwertung des Signalbegriffs nachträglich auf die volle Länge ausgedehnt werden darf. Bei Bahnen, die keine Geschwindigkeitssignalisierung verwenden, werden verkürzte Durchrutschwege oft mit einer so genannten Warner Route gesichert. Dabei bleibt das Startsignal der Fahrstraße zunächst auf Halt und geht erst nach dem Passieren des Vorsignals in Warnstellung auf Fahrt. Dadurch wird der Zug bereits vor dem Passieren des Startsignals in einem Bremsvorgang gezwungen.

Im englischsprachigen Raum und in Skandinavien sind „swinging overlaps" (pendelnde Durchrutschwege) verbreitet. Dabei wird mit Hilfe mehrfach verketteter Folgeabhängigkeiten zwischen Weichen ein nachträglicher Wechsel des

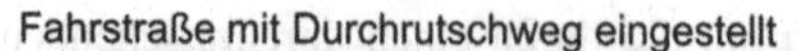

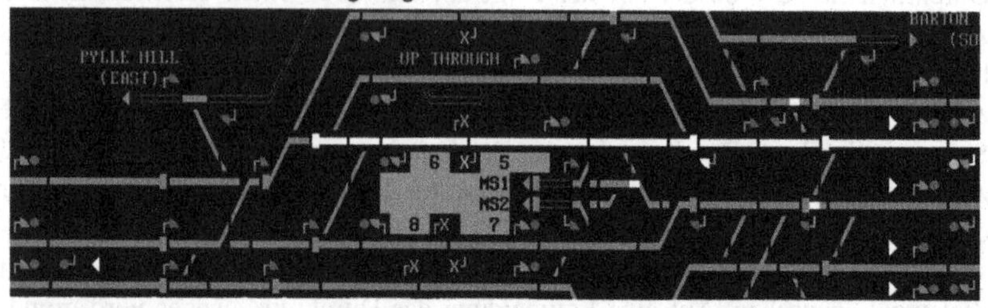

Durchrutschweg zur Vermeidung eines Ausschlusses in anderes Gleis gewechselt

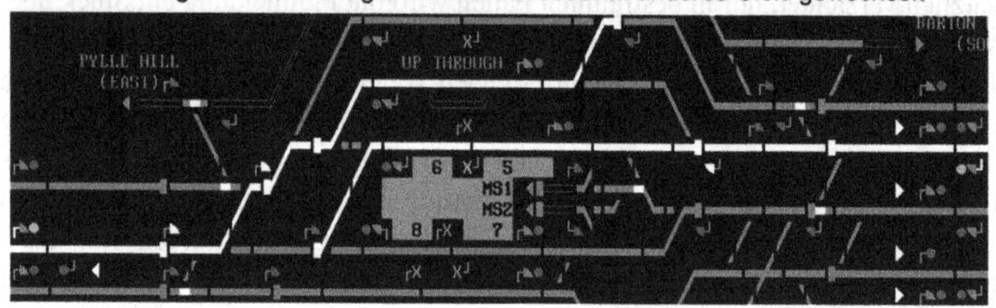

Abb. 4.3 „Swinging overlap" auf einer britischen Bedienoberfläche (Stellwerkssimulation von www.simsig.co.uk)

Durchrutschwegverlaufs ohne Rücknahme der Fahrstraße bei Fahrt zeigendem Startsignal ermöglicht. Wenn es zu einem Konflikt zwischen einer einzustellenden Fahrstraße und dem Durchrutschweg einer anderen Fahrstraße kommt, oder auch zu einem Konflikt zwischen zwei Durchrutschwegen, wird von der Stellwerkslogik automatisch ein Wechsel des Durchrutschweges angestoßen (Abb. 4.3).

4.4 Flankenschutz

Auch beim Flankenschutz divergieren die Auffassungen der Bahnen stark, allerdings nicht bezogen auf den sicherheitlichen Wert des Flankenschutzes, der durchweg anerkannt wird, sondern über die dafür vorgesehenen Stellwerksfunktionen. Ausgesprochen kompliziert geht es in Deutschland zu, wo diverse Projektierungsfälle für Zwieschutzweichen mit und ohne Vorzugslage, Regeln für die Freimeldung der Flankenschutzräume mit vielen Fallunterscheidungen sowie die Regeln zur Behandlung kreuzender Fahrten im Flankenschutzraum sehr komplexe Stellwerksfunktionen erfordern. Bei nordamerikanischen sowie einer

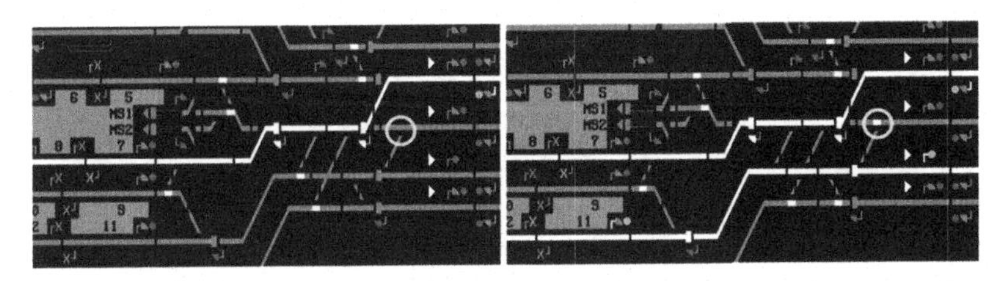

Abb. 4.4 Beispiel für die feste Zuordnung der Schutzlage einer Zwieschutzweiche auf einer britischen Bedienoberfläche (Stellwerkssimulation von www.simsig.co.uk)

Reihe von westeuropäischen Bahnen (z. B. britische und niederländische Bahnen) werden die Weichen einer Gleisverbindung oft gemeinsam gestellt und überwacht. Dadurch ergibt sich der Flankenschutz immer von selbst, ohne besonders projektiert werden zu müssen. Bei Anordnungen mit Zwieschutzweichen ergibt sich damit immer eine feste Zuordnung der Schutzlage der Zwieschutzweiche zu einer der beiden Fahrstraßen (Abb. 4.4). Den sicherheitlichen Nutzen der in Deutschland in modernen Stellwerken möglichen flexiblen Zuordnung des Flankenschutzes hält man für zu gering, als das sich ein solcher Aufwand lohnte. Wo keine Schutz bietende Weiche vorhanden ist, ist immer Flankenschutz durch ein Halt zeigendes Signal gegeben, der aber auch nicht extra projektiert werden muss, sondern sich durch die Fahrstraßenausschlüsse von selbst ergibt. Das setzt allerdings für die Anordnung der Signale die Regel voraus, dass an allen in einen Fahrstraßenknoten führenden Gleisen ein Signal angeordnet werden muss, das Flankenschutz bieten kann. Eine Regel, die in Deutschland so nicht besteht, wenngleich bei sinnvoller Anordnung der Haupt- und Sperrsignale diese Bedingung in den meisten Fällen ebenfalls erfüllt ist.

Signalsysteme

5

Trotz der forcierten Entwicklung von funkgestützten Systemen zur Führung der Züge durch Führerraumanzeigen, ein Beispiel ist das European Train Control System (ETCS) in den höheren Ausrüstungsstufen, ist die Führung der Züge durch ortsfeste Signale noch immer das dominierende Verfahren. Das wird sich auch in absehbarer Zeit nicht grundsätzlich ändern. Die Prinzipien der ortsfesten Signalisierung differieren international erheblich. Dabei bestehen vielfältige Abhängigkeiten zu betrieblichen Regeln und sicherungstechnischen Funktionen.

5.1 Die Rolle der ortsfesten Signalisierung

Neben den ganzen Unterschieden zur Darstellung und Bedeutung der Signalbilder gibt es zwei grundsätzlich unterschiedliche Auffassungen hinsichtlich des Verständnisses der Rolle ortsfester Signale. Dieses Phänomen wird von der Fachwelt bis heute kaum wahrgenommen, hat aber erheblichen Einfluss auf die Systemgestaltung. Und zwar lassen sich die Bahnen hinsichtlich der Rolle ortsfester Signale zwei Prinzipien zuordnen:

- Bahnen, bei denen die Signalbegriffe unabhängig von der Art der durchzuführenden Fahrt nur den Sicherungsstatus des zu befahrenden Gleisabschnitts anzeigen
- Bahnen, bei denen die Signalbegriffe die Art der durchzuführenden Fahrt autorisieren.

Das deutsche System ist klar dem zweiten Prinzip zuzuordnen. Charakteristisch ist die Verwendung unterschiedlicher Signalbegriffe zur Zulassung von Zug- und

J. Pachl, *Besonderheiten ausländischer Eisenbahnbetriebsverfahren*, essentials,
https://doi.org/10.1007/978-3-658-23853-7_5

Rangierfahrten, was im Stellwerk auf unterschiedliche Fahrstraßentypen hinausläuft. Dies entfällt bei Bahnen, die dem ersten Prinzip folgen. Ein charakteristisches Beispiel aus Europa sind die niederländischen Bahnen. Als Beispiel seien hier drei Arten von Fahrzeugbewegungen mit ihren Signalisierungen in Deutschland und den Niederlanden verglichen. Es geht in diesem Beispiel um folgende Fahrzeugbewegungen, die ein Hauptsignal passieren sollen (Abb. 5.1):

(a) Zugfahrt mit Auftrag zum Fahren auf Sicht in der Rückfallebene
(b) Reguläre Zugfahrt in ein teilweise besetztes Gleis
(c) Rangierfahrt.

In Deutschland erscheint im Fall (a) das Vorsichtsignal am Halt zeigenden Hauptsignal. Im Fall (b) zeigt das Hauptsignal „Halt erwarten" zusätzlich wird eine Geschwindigkeit von 20 km/h signalisiert. Es ist neuerdings zulässig, mit diesem Signalisierung auch in Gleise einzufahren, in denen der Gleisabschnitt, der besetzt sein kann, nicht durch ein Halt zeigendes Signal gedeckt ist. Im Fall (c) erscheint der Signalbegriff für die Aufhebung des Fahrverbots für Rangierfahrten zusammen mit dem Halt zeigenden Hauptsignal. Wenn man ein Stellwerk

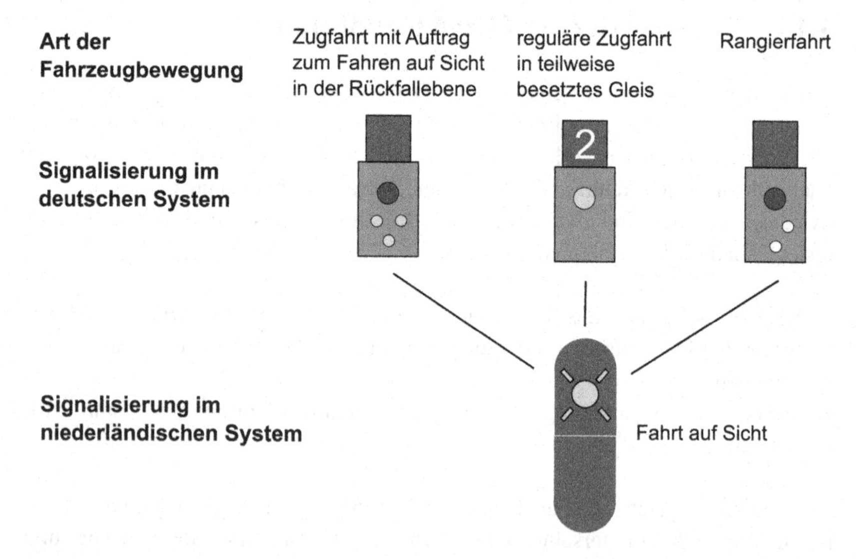

Abb. 5.1 Vergleich der Signalisierung ausgewählter Fahrten in deutschen und niederländischen Signalsystem

mit Rangierstraßen unterstellt, unterscheidet sich der Sicherungsstatus des zu befahrenden Gleisabschnitts in den drei Fällen praktisch nicht. Dem Triebfahrzeugführer wird ein richtig eingestellter Fahrweg, jedoch kein freies Gleis garantiert. Die zulässigen Geschwindigkeiten weichen zwar formal geringfügig ab, der Triebfahrzeugführer wird aber in der Praxis in allen drei Fällen eine etwa gleich vorsichtige Fahrweise anwenden.

In den Niederlanden erscheint in allen drei Fällen der gleiche Signalbegriff, nämlich „Fahrt auf Sicht", dargestellt durch ein gelbes Blinklicht. Bei der Verwendung der Signalbegriffe wird weder zwischen Zug- und Rangierfahrten (betrieblich gibt es diese Unterscheidung aber durchaus), noch zwischen Regelbetrieb und Rückfallebene unterschieden. Beim Einstellen einer Fahrstraße kann der Fahrdienstleiter wählen, ob er eine Fahrstraße ohne oder mit Auftrag zum Fahren auf Sicht einstellen möchte (in Relaisstellwerken einfach durch Drehen der Starttaste um 90 Grad). Eine Fahrstraße ohne Fahren auf Sicht lässt sich nur einstellen, wenn das Gleis frei ist, das Signal zeigt dann einen Fahrtbegriff mit der jeweils zulässigen Geschwindigkeit. Eine Fahrstraße mit Fahren auf Sicht lässt sich auch in ein besetztes Gleis einstellen, das Signal zeigt dann gelbes Blinklicht. Dieser Fahrstraßentyp entspricht vom Sicherheitsniveau her etwa einer deutschen Zugstraße im Status „FÜM blinkend" oder einer deutschen Rangierstraße. Die Unterscheidung zwischen Zug- und Rangierstraße gibt es daher im niederländischen System nicht. In dieser Hinsicht folgen die Niederländischen Bahnen den nordamerikanischen Grundsätzen, an denen sie sich nach dem Zweiten Weltkrieg stark orientierten.

5.2 Klassifizierung von Signalsystemen

Neben ihrer Funktion zur Sicherung des Raumabstandes dienen Signale auch dazu, dem Triebfahrzeugführer Informationen über die zulässige Fahrweise beim Durchfahren von Weichenbereichen zu geben. In dieser Hinsicht lassen sich die weltweit verwendeten Signalsysteme zwei Prinzipien zuordnen:

- Fahrwegsignalisierung
- Geschwindigkeitssignalisierung.

Die Fahrwegsignalisierung ist das ältere Verfahren, das in der Frühzeit der Eisenbahn ausschließlich verwendet wurde. Obwohl in der ersten Hälfte des 20. Jahrhunderts viele Bahnen ihre Signalsysteme von Fahrweg- auf

Geschwindigkeitssignalisierung umstellten, ist die Fahrwegsignalisierung auch heute noch verbreitet.

5.2.1 Fahrwegsignalisierung

Die Grundidee der Fahrwegsignalisierung besteht darin, dem Triebfahrzeugführer bei Fahrtverzweigungen anzuzeigen, in welches Gleis der Fahrweg führt. Die für den jeweiligen Fahrweg zulässige Geschwindigkeit muss der Triebfahrzeugführer aus seiner Ortskenntnis oder ergänzenden Unterlagen ableiten. Man muss daher die Fahrwegsignalisierung deutlich von den bei deutschen Bahnen üblichen Richtungsanzeigern unterscheiden. Richtungsanzeiger werden auch bei der Geschwindigkeitssignalisierung benutzt und haben den Zweck, Fehlleitungen an Streckenverzweigungen zu vermeiden, indem der Triebfahrzeugführer erkennen kann, auf welche Strecke der Zug geleitet wird. Sie übermitteln dem Triebfahrzeugführer jedoch keine für das Fahrverhalten maßgebenden Führungsgrößen. Genau das ist aber bei der Fahrwegsignalisierung der Fall. Dabei gibt es noch einmal eine Unterscheidung in zwei Prinzipien:

- fahrwegspezifische Fahrwegsignalisierung
- nominelle Fahrwegsignalisierung.

Bei der fahrwegspezifischen Fahrwegsignalisierung (auf Englisch teilweise als „strong route signalling" bezeichnet) wird jeder mögliche Fahrweg durch ein eigenes Signalbild angezeigt. Bei Formsignalen war dazu meist für jeden Fahrweg ein eigener Signalflügel vorhanden, bei Lichtsignalen werden Fahrweganzeiger in Form von relativ großen, aus Lichtpunktreihen gebildeten Lichtstreifen benutzt, die die einzelnen abzweigenden Fahrwege signalisieren. So können beispielsweise im britischen Signalsystem an einem Signal bis zu sieben Fahrwege (Geradeausfahrt und jeweils bis zu drei abzweigende Fahrten nach rechts und links) signalisiert werden (Abb. 5.2).

Ähnliche Signalsysteme sind auch bei einigen anderen Bahnen anzutreffen, die sich an der britischen Betriebsweise orientieren, z. B. in Indien und Südafrika. Der Vorteil dieses Prinzips besteht darin, dass fahrwegspezifische Geschwindigkeiten möglich sind. Dem steht jedoch der Nachteil gegenüber, dass der Triebfahrzeugführer die auf den einzelnen Fahrwegen zulässigen Geschwindigkeiten kennen muss. Dies stellt Anforderungen an die Ortskenntnis der Triebfahrzeugführer, die wesentlich über die bei deutschen Bahnen geforderte Streckenkenntnis hinausgehen.

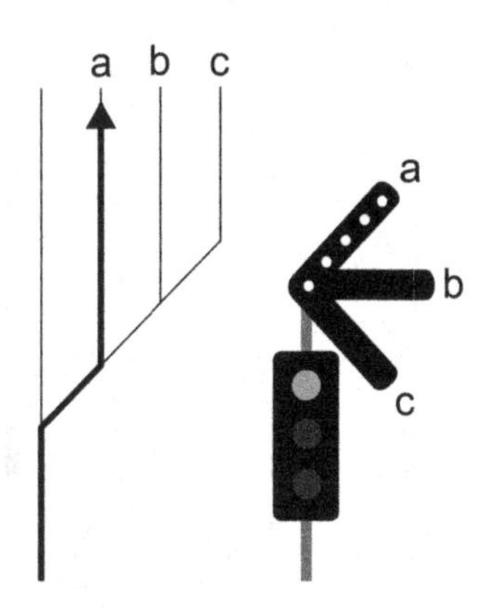

Abb. 5.2 Beispiel für die Anwendung von Fahrweganzeigern für drei abzweigende Fahrten nach rechts an britischen Lichtsignalen

Diesen Nachteil vermeidet die nominelle Fahrwegsignalisierung. Dabei wird nicht der konkrete Fahrweg angezeigt, sondern es gibt meist nur eine Unterscheidung zwischen „Geradeausfahrt" und „abzweigender Fahrt". Gelegentlich wird bei abzweigender Fahrt noch die Abzweigrichtung nach links oder rechts unterschieden. Bei solchen Systemen gilt für einen Fahrstraßenknoten eine einheitliche Abzweiggeschwindigkeit. Diese lässt sich für Triebfahrzeugführer relativ einfach in den Fahrplanunterlagen darstellen. Ein gewisser Nachteil ist, dass bei der Gestaltung eines Fahrstraßenknotens alle Weichen mit dem gleichen Zweiggleisradius geplant werden müssen. Dieses Prinzip passt sehr gut zu den nordamerikanischen Interlocking Limits (siehe Abschn. 2.1), indem die Abzweiggeschwindigkeit für jedes Interlocking festgelegt wird. Es verwundert daher nicht, dass diejenigen nordamerikanischen Bahnen, die die Fahrwegsignalisierung verwenden (das sind die meisten Bahnen im Westen der USA), das Prinzip der nominellen Fahrwegsignalisierung nutzen. Als Beispiel zeigt Abb. 5.3 charakteristische Signalbegriffe aus dem Signalsystem der BNSF, der zweitgrößten US-amerikanischen Bahngesellschaft.

Die Gestaltung der Signalbilder weicht dabei deutlich von den meisten Bahnen außerhalb Nordamerikas ab. So ist die Farbe Rot auch ein Bestandteil von Fahrtbegriffen. Ein Signal kann bis zu drei Signalschirme übereinander haben. Nur wenn alle Signalschirme rot zeigen, steht das Signal auf Halt. Die Bildung der Fahrtbegriffe folgt dem Prinzip, dass der Fahrweg durch die Anzahl der roten Lichter über dem ersten nichtroten Licht codiert wird. Damit lassen sich an einem Signal bis zu zwei abzweigende Fahrten signalisieren. Das Signalbild der nichtroten Signalschirme liefert dann die Zugfolgeinformation, d. h. aufgrund der

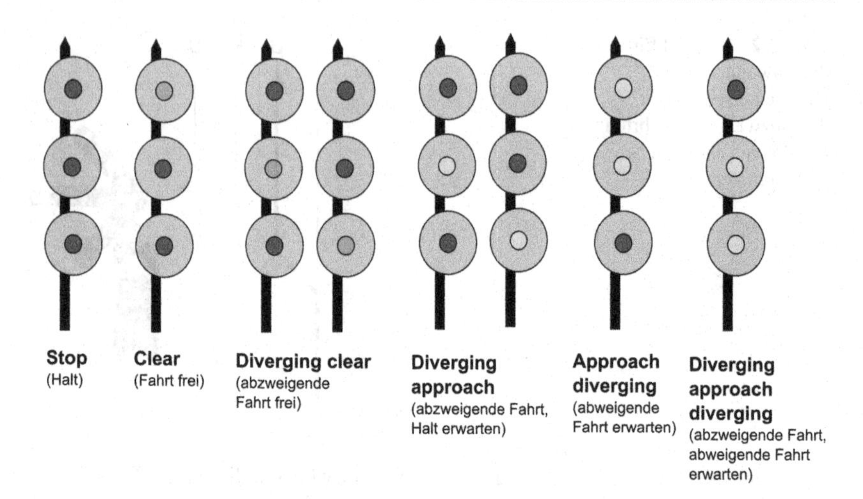

Abb. 5.3 Prinzip der Fahrwegsignalisierung im BNSF-System

nahezu ausschließlich angewandten Mehrabschnittssignalisierung auch die Vorsignalinformation für das nächste Signal.

Das Prinzip der nominellen Fahrwegsignalisierung ist auch bei anderen Bahnen anzutreffen, z. B. in China und bei den Bahnen Südostasiens, dort aber mit anderer Gestaltung der Signalbilder.

Um auch bei Fahrwegsignalisierung die Sicherheit hinsichtlich der Einhaltung der zulässigen Geschwindigkeit zu erhöhen, verwenden einige Bahnen bei Fahrstraßen mit reduzierter Geschwindigkeit eine durch die Annäherung des Zuges ausgelöste zeitverzögerte Freigabe des Fahrtbegriffs. Bei diesem auch als Timer-Signalisierung bezeichneten Verfahren muss der Zug für eine behinderungsfreie Fahrt zwischen zwei Signalen unterhalb eines festgelegten Geschwindigkeitslimits bleiben. Für Einfahrten in Gleise mit stark herabgesetzter Geschwindigkeit wird auch das Prinzip der Warner Route verwendet (siehe Abschn. 4.3).

5.2.2 Geschwindigkeitssignalisierung

Prinzipien der Geschwindigkeitssignalisierung

Bei Anwendung der Geschwindigkeitssignalisierung zeigen die Signale direkt die bei Einfahrt in Gleisabschnitt hinter dem Signal zulässige Geschwindigkeit an. Hinsichtlich der Anzeige der ab Signalstandort geltenden Geschwindigkeit (im Folgenden als Geschwindigkeitsausführung bezeichnet) und der Voranzeige einer ab dem nächsten Signal einzuhaltenden Geschwindigkeit (im Folgenden als Geschwindigkeitsankündigung bezeichnet) gibt es drei unterschiedliche Prinzipien, die in Abb. 5.4 am Beispiel einer Signalfolge mit Angabe der zulässigen Geschwindigkeit demonstriert werden.

In der Variante a) wird für jeden Geschwindigkeitswechsel sowohl eine Geschwindigkeitsausführung als auch eine Geschwindigkeitsankündigung angezeigt. Ein charakteristisches Beispiel ist das auf den OSJD-Grundsätzen basierende Hl-Signalsystem der Deutschen Bahn (OSJD ist das heute übliche lateinische Kürzel der Organisation für Zusammenarbeit der Eisenbahnen; von russ. ОСЖД – Организация сотрудничества железных дорог). Auch bei nordamerikanischen Signalsystemen wird bei Anwendung der Geschwindigkeitssignalisierung dieses Prinzip bevorzugt. Allerdings weicht die Gestaltung der Signalbilder auch hier erheblich von den meisten Bahnen außerhalb Nordamerikas ab. Wie in den Systemen mit Fahrwegsignalisierung, ist Rot ein Bestandteil von Fahrtbegriffen. Die Geschwindigkeitsausführung wird durch die Anzahl der roten Lichter über dem ersten nichtroten Licht codiert. Da ein Signal maximal drei Signalschirme hat, sind damit drei Geschwindigkeitsstufen (clear, medium, slow) darstellbar. Teilweise wird durch Anwendung von Blinklicht oder

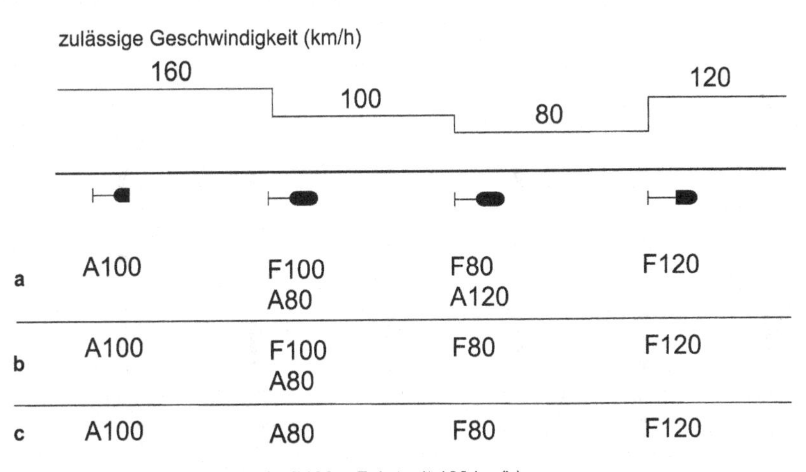

Abb. 5.4 Prinzipien der Geschwindigkeitssignalisierung

Zusatzanzeigern eine weitere Geschwindigkeitsstufe (limited) realisiert, die zwischen „clear“ und „medium“ liegt. Die konkrete Geschwindigkeit, die bei diesen Geschwindigkeitsstufen gefahren werden darf, kann sich streckenspezifisch unterscheiden, teilweise gelten auch in Abhängigkeit von der Zugart unterschiedliche Grenzwerte. Die Geschwindigkeitsankündigung wird durch das Signalbild der nichtroten Signalschirme codiert. Abb. 5.5 zeigt die Bildung der Signalbegriffe an charakteristischen Beispielen aus dem bei den nordöstlichen Bahnen angewandten NORAC-Signalsystem (NORAC steht für Northeast Operating Rules Advisory Committee).

In der Variante b) wird eine Geschwindigkeitsankündigung nur dann angezeigt, wenn im Abschnitt vor dem nächsten Signal eine höhere Geschwindigkeit zulässig ist als die an diesem Signal angezeigte Geschwindigkeitsausführung. Dabei kann es in bestimmten Fällen erforderlich sein, an einem Signal eine Geschwindigkeitsankündigung zu zeigen, deren Geschwindigkeitswert höher ist als eine am gleichen Signal angezeigte Geschwindigkeitsausführung. Das ist dann der Fall, wenn an einem Mehrabschnittssignal die Gültigkeit einer signalisierten Geschwindigkeitsausführung vor dem nächsten Signal endet und dann die Geschwindigkeit auf eine an diesem Signal angezeigte Geschwindigkeitsausführung vermindert werden muss. Das deutsche Ks-Signalsystem entspricht genau diesen Grundsätzen.

In der Variante c) gibt es an jedem Signal maximal eine Geschwindigkeitsanzeige. Je nach dem Signalbild des Hauptsignals gilt diese Anzeige entweder

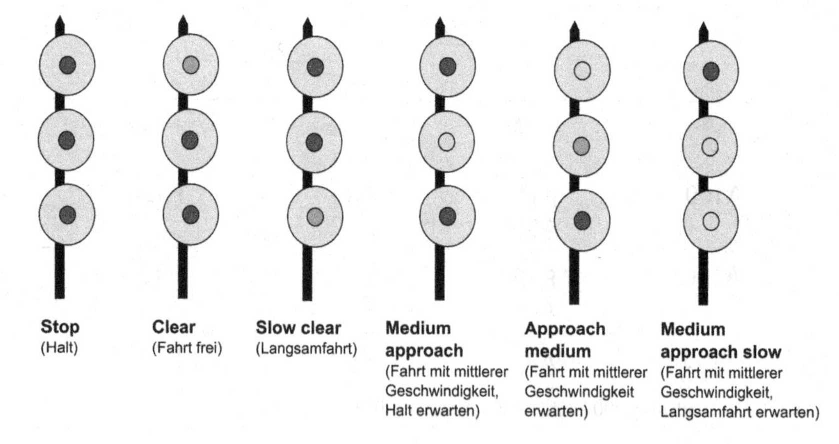

Abb. 5.5 Prinzip der Geschwindigkeitssignalisierung im NORAC-System

als Geschwindigkeitsankündigung oder als Geschwindigkeitsausführung. Wenn nach einer Geschwindigkeitsankündigung am nächsten Signal die Geschwindigkeit weiter herabzusetzen ist, erscheint an diesem Signal die Ankündigung der neuen Geschwindigkeit, jedoch keine Geschwindigkeitsausführung. Damit hat die Geschwindigkeitsankündigung eine etwas andere Rolle als in den Varianten a) und b). Es ist keine Vorsignalisierung einer am nächsten Signal zu erwartenden Geschwindigkeitsausführung, sondern der Auftrag, die Geschwindigkeit bis zum nächsten Signal auf den angezeigten Wert zu ermäßigen und das Signal mit dieser Geschwindigkeit zu passieren.

Charakteristische Beispiele für die Variante c) sind das Signalsystem N der Schweizer Bahnen (Abb. 5.6) und das niederländische Signalsystem.

Abb. 5.7 zeigt zur Verdeutlichung einen Vergleich der Signalisierung einer Bahnhofsdurchfahrt im deutschen Ks-System und im Schweizer System N

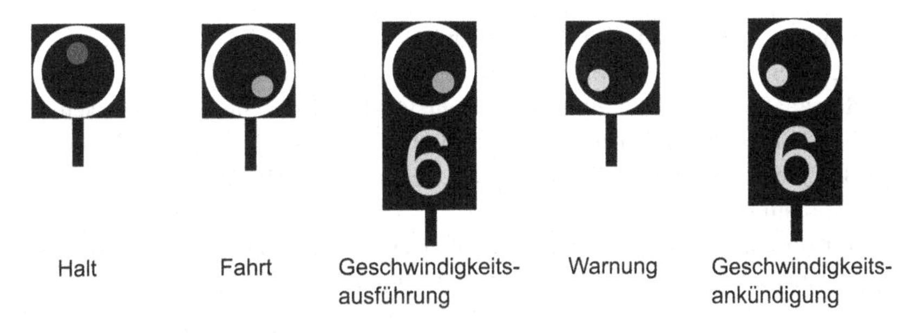

Abb. 5.6 Grundlegende Signalbegriffe im Schweizer System N

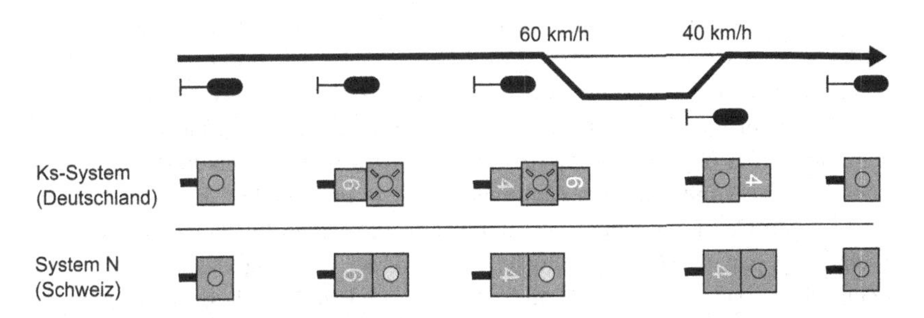

Abb. 5.7 Vergleich der Signalbildfolge bei einer Bahnhofsdurchfahrt im deutschen Ks-System und im schweizerischen System N

Gültigkeit einer signalisierten Geschwindigkeitsausführung
Ein ganz entscheidender Punkt in einem Geschwindigkeitssignalsystem ist die Regel, wann der Zug nach dem Passieren einer signalisierten Geschwindigkeitsausführung wieder beschleunigen darf. Bei deutschen Bahnen ergibt sich dies aus den Regeln zum anschließenden Weichenbereich. Ein ähnlicher Grundsatz gilt bei vielen Bahnen, die eine Abgrenzung von Stations- und Streckenbereichen vornehmen, auch wenn diese nicht immer mit der deutschen Unterscheidung zwischen Bahnhof und freier Strecke identisch ist. Charakteristisch ist die Regel, dass eine signalisierte Geschwindigkeitsausführung auf Stationsgleisen bis zur Vorbeifahrt am nächsten Signal gilt, während bei Einfahrt in ein Streckengleis nach dem Räumen der letzten Weiche wieder beschleunigt werden darf. Die Art und Weise, wie der Triebfahrzeugführer bei der Einhaltung dieser Regel unterstützt wird, unterscheidet sich jedoch sehr. Beispiele für charakteristische Lösungen sind:

- Einträge im Buchfahrplan (Deutschland)
- Kennzeichnung der Art eines Signals durch Tafeln am Signal (Österreich)
- Signaltafeln zur Markierung des Einfahrsignals und der Stelle, ab der nach der Ausfahrt wieder beschleunigt werden darf (Schweiz)
- Beschleunigen nach Passieren des ersten Signals der Gegenrichtung (Nordamerika)
- Verwendung unterschiedlicher Signalbegriffe, je nachdem, wie weit die reduzierte Geschwindigkeit beizubehalten ist (Russland).

Besonders interessant ist hier die russische Lösung. Das russische Signalsystem basiert auf den OSJD-Grundsätzen, die auch dem deutschen Hl-System zugrunde liegen. Weniger bekannt ist aber, dass es in Russland und den anderen Bahnen mit der Spurweite 1520 mm einen wesentlichen Unterschied hinsichtlich der Bedeutung des oberen Lichtes gibt. Im deutschen Hl-System und vergleichbaren Systemen regelspuriger osteuropäischer Bahnen ist das obere Licht eine Art Vorsignalisierung der am nächsten Signal zu erwartenden Geschwindigkeit. Eine durch das obere Licht ausgedrückte Geschwindigkeitsankündigung korrespondiert immer mit einer am nächsten Signal im unteren Teil des Signalschirms angezeigten Geschwindigkeitsausführung. Im russischen System zeigt das obere Licht hingegen die Geschwindigkeit an, mit der der Zug das nächste Signal höchstens passieren darf, unabhängig davon, welchen Signalbegriff dieses Signal zeigt. Abb. 5.8 zeigt zum Vergleich die Signalisierung einer Bahnhofsdurchfahrt im Hl-System und im russischen Signalsystem. Dabei besteht bei der Einfahrt eine Geschwindigkeitsbeschränkung, bei der Ausfahrt jedoch nicht. Im russischen

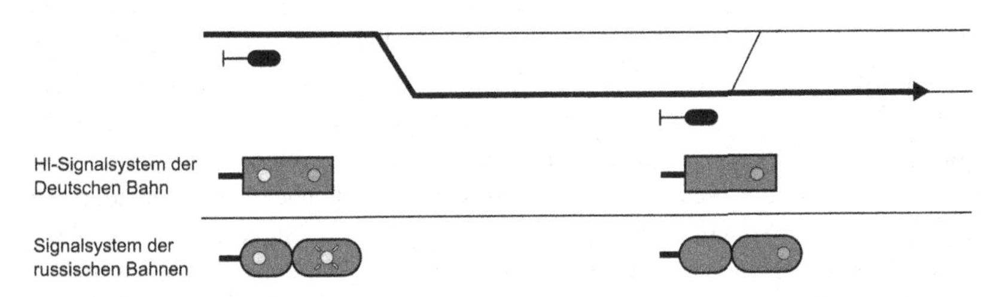

Abb. 5.8 Vergleich der Signalisierung einer Bahnhofsdurchfahrt mit Geschwindigkeitsbeschränkung bei der Einfahrt im deutschen Hl-System und im russischen Signalsystem

System bedeutet „gelb blinkend über gelb" Langsamfahrt bis zur Vorbeifahrt am nächsten Signal, „grün über gelb" hingegen Langsamfahrt bis zum Räumen der letzten Weiche. In Russland würde ein Einfahrsignal daher niemals Grün über Gelb zeigen.

5.3 Signalisierung von Rangierfahrten

Bereits erwähnt wurde der grundsätzliche Unterschied zwischen Bahnen mit getrennter Signalisierung für Zug- und Rangierfahrten und Bahnen, die diese Trennung nicht kennen. Charakteristische Beispiele für letztere sind die nordamerikanischen Bahnen und die niederländischen Bahnen. Weltweit dominiert jedoch eine separate Signalisierung für Rangierfahrten. Bei den meisten dieser Bahnen gilt allerdings der Haltbegriff am Hauptsignal auch für Rangierfahrten. Als Zustimmung, das Halt zeigende Hauptsignal mit einer Rangierfahrt zu passieren, erscheint ein Rangierfahrtbegriff, der das Haltgebot des Hauptsignals für Rangierfahrten aufhebt. Zu den wenigen Ausnahmen gehören die Bahnen in Luxemburg und der Schweiz, die an Hauptsignalen einen reinen Zughaltbegriff verwenden, der für Rangierfahrten keine Gültigkeit besitzt. An Hauptsignalen, an denen ein Haltgebot für Rangierfahrten nötig ist, z. B. zur Gewährung von Flankenschutz, muss dieses Haltgebot durch ein separates Signal hergestellt werden (in Luxemburg durch ein blaues Licht, in der Schweiz durch Anordnung eines zugehörigen Zwergsignals).

An Stellen, wo ein Haltgebot für Rangierfahrten signalisiert werden muss, aber kein Hauptsignal vorhanden ist, ordnen die meisten Bahnen Signale an, die neben dem Haltbegriff die Aufhebung des Fahrverbots für Rangierfahrten anzeigen können, durch die jedoch keine Zugfahrten zugelassen werden.

Unterschiede gibt es in der Bedeutung des Haltbegriffs an solchen Signalen. Einige Bahnen verwenden hier einen Absoluthaltbegriff, der auch für Zugfahrten gilt. Beispiele sind die deutschen Sperrsignale und die Schweizer Zwergsignale (der Begriff „Zwergsignal" steht in der Schweiz abweichend von der deutschen Terminologie nicht einfach für ein niedrig stehendes Signal, sondern für eine bestimmte Signalkategorie). Daher müssen diese Signale die Aufhebung eines Fahrverbots auch anzeigen, wenn der Fahrweg eines Zuges am Signal vorbeiführt. Dies ist nicht erforderlich, wenn an solchen Signalen ein reiner Rangierhaltbegriff verwendet wird, der nicht für Zugfahrten gilt. Dies ist die Standardlösung bei den Mitgliedsbahnen der OSJD (Osteuropa, Russland und angrenzende Länder mit 1520 mm Spurweite, China), die als Rangierhaltbegriff ein blaues Licht verwenden. Wenn ein solches Signal als Ziel einer Zugstraße benutzt wird, wird allerdings als Haltbegriff wie an Hauptsignalen ein rotes Licht gezeigt. Die Verwendung eines reinen Rangierhaltbegriffs ist auch bei einigen Bahnen außerhalb der OSJD üblich, beispielsweise in Österreich.

Bei den meisten Bahnen sind die Rangiersignale zweibegriffig ausgeführt, indem neben dem Haltbegriff nur die Aufhebung des Fahrverbots angezeigt werden kann. Einige wenige Bahnen verwenden dreibegriffige Rangiersignale, die bei der Aufhebung des Fahrverbots zwischen einem Vorsichtsbegriff und einem höherwertigen Fahrtbegriff unterscheiden. Der Vorsichtsbegriff erscheint bei Fahrt in ein besetztes Gleis, oder wenn das folgende Signal Halt zeigt. Beispiele sind die Bahnen in der Schweiz und in Dänemark.

Was Sie aus diesem *essential* mitnehmen können

- Überraschende Erkenntnisse über die Vielfalt der international anzutreffenden Verfahren und Prinzipien zur Steuerung des Bahnbetriebes
- Die Fähigkeit, im Ausland anzutreffende Betriebsverfahren und Grundsätze, die von der deutschen Sichtweise stärker abweichen, richtig zu interpretieren
- Interessante Informationen zu Betriebsverfahren, Stellwerksfunktionen und Signalsystemen, über die ansonsten in der deutschsprachigen Fachliteratur nur wenig zu erfahren ist

J. Pachl, *Besonderheiten ausländischer Eisenbahnbetriebsverfahren*, essentials,
https://doi.org/10.1007/978-3-658-13481-5

Symbole in grafischen Darstellungen

In Lageplänen und Darstellungen von Signalbildern werden diese unten aufgeführten Symbole verwendet. Da in der Printversion dieses*essentials* keine farbigen Darstellungen möglich sind, werden bei Abbildungen mit Signalbildern auch die Signalfarben mit Symbolen codiert.

Signalsymbole in Lageplänen

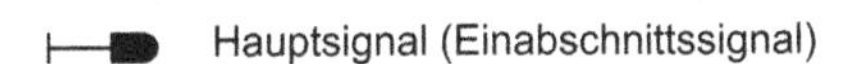

Hauptsignal mit Vorsignalfunktion (Mehrabschnittssignal)

Hauptsignal mit Permissivhaltbegriff

J. Pachl, *Besonderheiten ausländischer Eisenbahnbetriebsverfahren,* essentials,
https://doi.org/10.1007/978-3-658-13481-5

Literatur

Pachl, J. (2001). Übertragbarkeit US-amerikanischer Betriebsverfahren auf europäische Verhältnisse.*Eisenbahntechnische Rundschau, 50*(7/8), 452–462.

Pachl, J. (2010).*Unterschiede bei funktionalen Sicherheitsprinzipien in der LST europäischer Bahnen. Eisenbahn-Ingenieur-Kalender 2011* (S. 197–210). Hamburg: Eurailpress.

Pachl, J. (2012). Betriebssicherheitliche Regelwerke im internationalen Vergleich.*Der Eisenbahningenieur, 63*(2), 48–52.

Pachl, J. (2018).*Systemtechnik des Schienenverkehrs – Bahnbetrieb planen, steuern und sichern* (9. Aufl.). Wiesbaden: Springer Vieweg.

Pachl, J. (2015). *Railway operation and control* (3.Aufl.). Mountlake Terrace: VTD Rail Publishing.

Theeg, G., & Vlasenko, S. (Hrsg.). (2017). *Railway signalling & interlocking – International compendium* (2. Aufl.). Hamburg: PMC Media.

J. Pachl, *Besonderheiten ausländischer Eisenbahnbetriebsverfahren,* essentials,
https://doi.org/10.1007/978-3-658-13481-5

Printed in the United States
By Bookmasters